# 辉煌等不来，人生靠你自己拼

梅花香自苦寒来，要想取得辉煌的成就，
**我们必须要学会拼搏！**

刘 希◎著

中华工商联合出版社

**图书在版编目（CIP）数据**

辉煌等不来，人生靠你自己拼 / 刘希著. — 北京：中华工商联合出版社，2019.3

ISBN 978-7-5158-1957-0

Ⅰ. ①辉… Ⅱ. ①刘… Ⅲ. ①成功心理-通俗读物 Ⅳ. ①B848.4-49

中国版本图书馆CIP数据核字(2019)第031710号

**辉煌等不来，人生靠你自己拼**

---

**作　　者**：刘　希
**责任编辑**：付德华　俞　芬
**封面设计**：安然设计工作室
**责任审读**：于建廷
**责任印制**：迈致红
**出版发行**：中华工商联合出版社有限责任公司
**印　　刷**：大厂回族自治县德诚印务有限公司
**版　　次**：2019年3月第1版
**印　　次**：2019年3月第1次印刷
**开　　本**：787mm×1092mm　1/16
**字　　数**：150千字
**印　　张**：13.5
**书　　号**：ISBN 978-7-5158-1957-0
**定　　价**：42.00元

---

**服务热线**：010-58301130
**销售热线**：010-58302813
**地址邮编**：北京市西城区西环广场A座
19-20层，100044
**Http**://www.chgslcbs.cn
**E-mail**：cicapl202@sina.com(营销中心)
**E-mail**：gslzbs@sina.com(总编室)

# 前言

我们每个人都有自己的理想，但是，并不是所有的人都会实现自己的理想。很多人只会空谈，却忘了付出实际行动。而实际上，人生的辉煌从来不是等来的，而是靠拼搏得来的。所以，那些终日游手好闲、无所事事的人是可怜的，因为他们本来也可以成为一个成功者，只是由于他们过早地放弃了努力，所以，他们的人生注定就没有了前途。

其实，人生没有宿命一说。生命的最终状态是由我们自己决定的，人们愿意去相信宿命论是为了推卸自己的责任，宿命论是人在遭遇挫折时的一种消极反馈。

没错，一个人的智商会影响他的学业，一个人出生的环境会影响他所受的教育，一个人所处的平台会影响他的眼界……这些客观存在的确会限制个人的发展。但如果我们只认识到这些客观存在，而忽略了自己身上的无限可能，那么，我们的人生就是毫无希望的。

一个人的先天条件再好，如果没有后天的努力，他同样会变得平庸；相反，如果一个人只是先天条件不够好，依靠后天的努力，他仍然可以实现人生的辉煌。

自始至终，我们的人生都牢牢把握在自己手中。古往今来的成事者，没有一个人是靠原地踏步走上人生巅峰的，他们的成功和辉煌都是依靠一点一滴的努力才拼出来的。

别在该拼搏的年纪选择了安逸，别在该努力的时候选择了安稳，一旦你放弃了自己的梦想，你的人生也就告别了精彩。在工作中遇到挫折，你就退缩；在生活中遇到困难，你就抱怨。你从来只知道羡慕别人的成功，却从来不会想到别人付出的汗水。成功的辉煌等不来，人生的精彩只能靠你自己去拼。

不管我们的条件如何劣势，我们都要有突破自我的勇气，要有接受考验的魄力，要有创造辉煌的能力。付出你的努力吧，总有一天，你的努力会给你的生活带来巨大的变化。

# 目 录

# 第一章　你所谓的等待，不过是白白浪费生命

生活中，很多人都喜欢做白日梦，他们梦想着天上掉下馅饼，馅饼还刚好落到自己的碗里，所以，他们总是在原地等待。殊不知，等待其实就是在浪费光阴。一个人若想取得成功，就必须立即展开行动，努力去实现自己的梦想。

## 别在该拼搏的年纪选择安逸

19世纪末，美国康奈尔大学曾进行过一次著名的“青蛙实验”。实验人员先把一个油锅加热，然后把一只青蛙扔进油锅。在这生死存亡的关头，这只青蛙反应相当敏捷，它双腿一蹬，一跃而起，竟跳出油锅，安然逃生。

隔了半小时，实验人员又架起一只锅，注入满满的清水，然后把那只青蛙扔进锅里。这一回，那只青蛙游得逍遥自在。实验人员悄悄在锅下面加热。青蛙并不在意，仍然一副优哉游哉的样子。等到水不断升温，青蛙终于难以忍受，但它却再也没有那一跃而起的力量了。

这就是著名的“青蛙效应”。不知道大家有没有发现，很多时候，我们就像故事中的那只青蛙，喜欢并且习惯安逸、舒适的生活，不懂得居安思危，长期浑浑噩噩地过日子，停留在原地丝毫不动，最终浪费了宝贵的时光，而自己也在浑然不觉中一事无成。

最近，30岁的程灵灵在工作上越来越懈怠了，原来，她的老公当上了一家公司的总经理，而她这位总经理太太可是风光无限，不仅出门车接车送，各种高档饭店、酒楼也没少光顾。

慢慢地，同事们感到她有了变化。原来她在单位积极能干、热情主动，现在是“当一天和尚撞一天钟”，坐在办公室里，几张报纸看半天，一个电话打一个多小时，到处找人家聊天，自己的工作不主动做，非要等人催问才勉强完成。

公司要求所有员工学习安全生产的知识，同事们都积极地学习，她却完全提不起兴趣，上了几天课就厌烦了，趁讲课老师不注意，她一个人跑到外面去喝咖啡。不仅如此，公司举办周年庆活动，组织人员参加合唱演出，她以前是文艺活动的积极分子，这次，她却以嗓子不舒服为由拒绝参加合唱。

在程灵灵老公升职之前，程灵灵还是一个酷爱爬山的人。她经常坐公共汽车到郊区爬山、采摘，以前从来不觉得很辛苦。现在，还没有走几步路，她就觉得腰痛、腿痛、背痛，轿车开到山跟前，她也不想爬山了。

以前，她每个星期都坚持画工笔画，现在，她把画板、颜料塞进了箱子里，根本都不去碰了，而是每天坐在沙发上，喝着浓香的咖啡看电视。

看着她安于现状、不思进取的样子，公司领导屡次找她谈心，希望她不要沉溺在安逸的生活中，要重新振作起来，好好地打拼事业，毕竟她有属于自己的人生，总不能一辈子靠着老公生活。可她倒好，表面上答应得好好的，转过身依旧我行我素。

这样做的结果可想而知，很快，程灵灵就被公司辞退了。得知这一消息后，老公看她的眼神带着几许恨铁不成钢的无奈。其实，被老板炒鱿鱼后，程灵灵原本是打算在家当阔太太的，可老公看她的眼神让她感觉生活并非自己想象中的那么稳定和安逸，而是危机四伏，稍有不慎，自己很有可能就会坠入万丈深渊。

每个人的人生起初都是一张白纸，有的人安于现状，蹉跎时光，于是，白纸变废纸；而有的人奋发向上，积极行动，于是，白纸变画卷。行走职场，我们若想拿到通往成功之门的钥匙，给自己的人生添上浓墨重彩的一笔，就不能像程灵灵一样，在该拼搏的年纪选择安逸，而是要树立远大的志向，怀揣着美好的梦想，积极行动起来，在工作上拼尽全力，竭尽所能地将工作做好。

美国著名的大提琴家麦特·海默维茨15岁时举行了他的第一场音乐会，立即造成轰动，受到各阶层人士的注意。16岁时，麦特·海默维茨获得了艾弗里费瑟职业金奖。著名的德国唱片公司还跟他签了独家发行其唱片的合约。之后，麦特·海默维茨多次获得唱片大奖、金音叉奖等著名大奖。

然而，就在麦特·海默维茨声名大噪的时候，这位大提琴神童却突然消失了四年。原来，他去哈佛大学进修了。他做了一篇以贝多芬《第二大提琴奏鸣102号》为课题的毕业论文，这篇论文获得了哈佛大学的最佳论文奖。

麦特·海默维茨本可以为自己取得的成就而感到满足，但他却并没有放弃拼搏，而是选择继续进修，这难道不值得我们每一位职场人士学习吗？

有这样一则寓言故事：

有一天，家龙和野龙碰上了。家龙对野龙说："你这是何必呢？总是在天地之间往返不停，天冷了就藏起来，太阳出来了再飞上天，你不累吗？像我这样舒舒服服，不是很好吗？"

野龙仰起头来，笑着说：“上苍赋予我们形体，头顶角身披鳞；上苍赋予我们品性，下能潜到源泉，上能直插云天；上苍赋予我们灵气，可吐云乘风；上苍赋予我们职责，抑制骄阳，滋润大地。我们能看到宇宙之外，栖居在八荒之野，穷尽万物的开端和变化。这难道不是最大的快乐吗？而你现在却满足于这块马蹄般大的水洼，在泥沙中打滚，与蚂蟥、蚯蚓之类为伍，所贪恋的不过是一点点残羹剩饭。你虽然跟我在形体上相同，但你我的乐趣却大相径庭！你以被人玩耍而换取利益，人家扼住你的喉咙、把你切成肉块的那一天就要到来了。我看你可怜，本来想拉你一把，不想你却要把我拉到陷阱里，这样下去，你免不了被宰割的下场。”

说完，野龙就飞走了。没过多久，家龙就被玩腻了的主人宰杀了。

曾在网络上看过这样一段话：“20岁的贪玩，造就了30岁的无奈。30岁的无奈，导致了40岁的无为！40岁的无为，奠定了50岁的失败。”是的，要想自己的生命不被白白浪费，我们就得像野龙一样有志气，敢拼搏，懂行动，不贪恋那点安逸，才能创造属于自己的辉煌人生！

## 唤醒内心对成功的渴望

回溯历史，我们不难发现，不论是像爱迪生、福特、贝尔、莱特兄弟这样的发明家，还是像马丁·路德·金、纳尔逊·曼德拉这样的社会改革家，他们的身上无不闪耀着野心的光芒，他们追求卓越，渴望成功，所以，他们从不甘愿等待，而是选择积极行动，用行动去实现自己的梦想。

法国的传媒大亨巴拉昂是以推销装饰肖像画起家的，在不到10年的时间里，他迅速跻身于法国50大富豪之列。1998年，巴拉昂因患前列腺癌在法国博比尼医院去世。临终前，他留下遗嘱，将他4.6亿法郎的股份捐赠给博比尼医院，用于前列腺癌的研究，另有100万法郎作为奖赏，奖给那些揭开贫穷之谜的人。

巴拉昂去世后，法国《科西嘉人报》刊登了他的这份遗嘱。遗嘱是这样写的：我曾经是一个穷人，去世时却以一个富人的身份走进天堂之门。现在，我把自己成为富人的秘诀留下，即“穷人最缺少的是什么”，找到答案的人将得到我的祝福，并且得到我留在银行私人保险箱里的100万法郎，那是对睿智地揭开贫穷之谜的人的奖赏。

这份遗嘱刊出后，《科西嘉人报》收到了大量的信件，有人说这是报纸为提高发行量在进行炒作。也有很多人寄来了自己的答案，这些信件中，有人认为穷人最缺少的就是金钱，有人认为穷人最缺少帮助与关爱，有人认为穷人最缺少的是智慧，也有人认为穷人最缺少的是机会。总之，答案五花八门，应有尽有。

在巴拉昂逝世一周年纪念日，他的律师和代理人在公证部门的监督下，打开了巴拉昂留在银行的私人保险箱，公开了他致富的秘诀：穷人最缺少的是野心。

所有人都感到意外，更让人感到意外的是，一位年仅9岁的女孩写出了正确答案。为什么只有9岁的女孩能想到穷人最缺少的是野心呢？在接受100万法郎颁奖时，小女孩解释了其中的原委，她说："每次，姐姐把她的男朋友带回家时，总是警告我说：'你不要有野心啊！'所以我想，也许野心可以让人得到自己想要的东西。"

谜底揭开后，整个法国都震动了。一些富人谈论此话题时也毫不掩饰地说：野心的确是一剂"治贫"良药。

一个人内心有了对成功的渴望，才有动力去为自己的人生拼搏，才有冲劲和拼劲去工作，最后才有可能脱贫致富，迎来事业上的辉煌。所以，行走职场，我们一定要有一点野心，野心的存在会让我们不甘心，而这种不甘心又会促使我们积极行动，不断进取，直至收获成功。

在拍摄一部电影时，高仓健曾和一位舞女有过短暂的共事。有一天，因为工作劳累过度，这位舞女突然全身冒着冷汗昏倒在地。当时，高仓健随着救护车将她送往医院。经诊断，这位舞女贫血，必须住院治疗一段时间。

可是，谁也没有想到，第二天，那位舞女又步履蹒跚地出现在摄影场地。看到她的到来，大家都埋怨她“不要命了”，很多同事劝她回去休息，因为她的脸色实在苍白得吓人。

听到众人的劝阻，舞女微微一笑，既有气无力又很坚定地说：“不，我不能放弃！也许，这部作品能使我成为明星。”

舞女的话震撼了高仓健的心灵，使他产生了灵感。那灵感是长期苦苦求索之后，突然被激发出来的领悟。就在这时，他唤醒了内心对卓越和成功的渴求，他决定全力以赴塑造出崭新的形象，做一名真正优秀的演员。他坚信，只要自己像舞女那样永不放弃，未来他一定会成为日本家喻户晓的明星。

皇天不负有心人，不懈追求成功的高仓健，终于迎来了自己电影生涯的转折点。1957年，高仓健遇到了两位伯乐，一位是影片《非常线》的导演牧野雅裕，另一位是影片《森林和湖的祭奠》的导演内田吐梦。这两位造诣极深的老导演从当时似乎演技平平的高仓健身上发现了他的艺术才华。牧野雅裕曾说：“我从未见过有谁像高仓健这样有如此强烈的成功欲望和艺术潜能。”在两位老师那里，高仓健学到了表演才能。

1964年，高仓健在著名编剧黑泽明的影片《加可万和铁》中成功地塑造了个性鲜明、充满激情的男子汉形象。为了拍好这个角色，他冒着零下十五六摄氏度的严寒，只穿一条短裤跳进北海道刺骨的海水中。而正是这个角色让高仓健成为举世闻名的男明星，喜爱他的影迷遍布全世界。

可以想象，如果高仓健没有唤醒内心对成功的渴望，那他是不可能在演员这条充满艰难险阻的道路上跋涉如此之远的，更不可能冒着零下二十多度的严寒，只穿一条薄薄的短裤就跳进北海道刺骨的海水中。

所以，我们要想在事业上有所成就，就必须像高仓健那样，始终保持强烈的成功欲望。要知道，我们的成功欲望有多么强烈，我们就能爆发出多大的力量。

法国作家巴尔扎克曾经说过："欲望是支配生命的动力和动机，是幻想的刺激素，是行动的意义。"没错，强烈的欲望可以使一个人将力量发挥到极致，从而排除所有的障碍。这点尤其适用于职场，作为员工，如果我们内心非常渴望成功，那在这股内驱力的推动下，我们就能在工作中拼尽全力，奋发向上，排除万难，一路过五关斩六将，最后摇身一变，成为职场的闪亮之星。

## 最重要的是迈出第一步

俗话说，万事开头难。这句话很有道理。对于大部分人来说，不管做什么事情，行动的第一步总是最难迈出的，为什么会这样呢？究其原因，无外乎是恐惧、懒惰、顾虑太多、谨慎过头等心理因素在作祟。

很多人执着于计划的周全、结果的万无一失，他们把可能会遇到的问题和困难一一排列出来，然后在脑海中寻找各种解决问题、克服困难的方法，结果，面对千头万绪的事情，他们发现自己对所要做的事情产生了抵触。

所以，与其停在原地白白浪费时间，还不如果敢地去行动，当我们养成了一边行动一边构想下一步的习惯时，我们也就离目标更近一步。与此同时，在面对问题、解决问题的过程中，我们的能力会得到提升，我们的能力也得到了发挥。

刘秀小时候家里很穷，才念到小学四年级，她就辍学了。结婚后，她和丈夫合办了一家贸易商行，生意还不错。但她不满足于做这个小生意，说服丈夫同意后，她孤身一人去日本创业。

来到日本东京后，刘秀才发现事情远不像她想象的那么简单。首先，她人生地不熟，根本不知道应该从哪里开始起步；其次，她语言不通，怎么跟人家谈生意呢？最后，她的资金很少，日本再好赚钱，也得先投资才能赚到钱呀！

刘秀的信心开始动摇了。但她想，好不容易下决心出来了，也不能什么也不干就跑回去呀！她设法找到在日本的老乡帮忙办手续，办起了一家小小的贸易行。她没有聘请员工，里里外外全是她一人忙活。

刘秀一面学日语，一面尝试谈生意。她的日语进步很快，但生意方面毫无起色，好几个月了，她一桩生意也没有做成。她知道，在此情况下，没有什么可以依赖，只能靠耐心。她不急不躁，一次又一次地跑客户。她一天天带着希望走出门，又一天天带着失望走回家。

终于有一天，刘秀看到了一丝曙光：一位日本商人被刘秀百折不挠的韧劲所感动，把自己不想做的一笔小生意让给她做。生意虽小，刘秀却很认真，她小心翼翼，将活干得漂漂亮亮。这桩生意为她赢得了信誉。此后，一笔又一笔生意接踵而至，她的事业开始真正起步。后来，刘秀的生意越做越大，成为拥有三家大公司、七座百货大楼以及多家分公司的大老板。

可以看到，在事业起步之初，刘秀并没有过人的才干，也没有遇到特别好的机遇，而她之所以取得如此不凡的成就，很大程度上是因为她敢于迈出第一步，并且为之努力不懈。我们不管做什么事，最重要的是要迈出第一步，只要第一步迈出去了，那接下来的路就好走了。

黛比出生在一个大家庭，她有很多兄弟姐妹。从小，她就非常渴望得到父母亲的赞扬和鼓励，但是，由于孩子多，她的父母根本就顾不上她。这种经历使得她长大成人后依然缺乏自信。

当她与朋友出去参加社交活动时，总是显得很笨拙，只有在厨房里烤制面包的时候，她才感觉自己有点自信。她非常渴望成功，但是，鼓起勇气走出去，对她来说是想也不敢想的事情。

随着时间的推移，她终于认识到自己要么放弃成功的梦想，要么就鼓起勇气去迈出第一步，让自己冒一次险。于是，黛比对父母以及丈夫说："我准备去开一家食品店，因为你们总是告诉我说我的烹饪手艺有多么了不起。"

"噢，黛比，"他们一起说道，"这是一个多么荒唐的主意。你肯定要失败的。这事太难了，快别胡思乱想了。"他们一直这样劝阻黛比，很多次，黛比几乎快要相信他们说的了。但是，这一次，黛比下定决心要开一家食品店。她丈夫始终反对，但最后还是给了她开食品店的资金。

食品店开张的那一天，竟然没有一个顾客光顾。黛比几乎被冷酷的现实击垮了。她冒了一次险，看起来她是必败无疑了。她甚至相信她的丈夫是对的，冒这么大的险是一个错误。但是人就是这样，在你已经冒了第一个很大的险以后，再去面对风险就容易得多了。黛比决定继续走下去。

一反平时胆怯羞涩的窘态，黛比端着一盘刚烘制的热烘烘的食品在她居住的街区，请每一个过往的人品尝。有件事使她越来越自信：所有尝过她的食品的人都认为味道非常好。人们开始接受她的食品。

现在，"黛比·菲尔茨"的名字在美国数以百计的食品商店的货架上出现，黛比的公司"菲尔茨太太原味食品公司"是食品行业最成功的连锁企业，而黛比本人也焕然一新，浑身上下都散发着自信！

古语有云："千里之行，始于足下。"人生之路漫漫，不走出第一步，就没有第二步，就不会到达终点。就像瀑布一样，它从万丈悬崖上奔泻而下，像一道璀璨夺目的珠帘，雷鸣般的声音响彻山涧。然而，它最初也不过是一条平缓的小河，如果它不跨出那一步，冲下悬崖，它就只能在山峦之中默默流淌。正因为小河勇敢地跨出了那一步，才有了气势磅礴的瀑布。

所以，亲爱的朋友，你还在等什么呢？要知道，在这个世界上，没有等来的辉煌，只有拼来的成功。只要我们积极行动，迈出最重要的第一步，我们就会看到不一样的风景，最后顺利到达理想中的目的地，取得非凡的成就！

## 如果不去行动，梦想统统是空想

从前，有两个和尚，其中一个贫穷，一个富裕。有一天，穷和尚对富和尚说："我想到南海去，您看怎么样？"

富和尚说："你凭借什么去呢？"

穷和尚说："我有一个水瓶、一个饭钵就足够了。"

富和尚说："我多年来就想租条船沿着长江而下，现在还没有做到呢，你凭什么去啊？"

第二年，穷和尚从南海归来，把自己到了南海的事告诉富和尚，富和尚深感惭愧。

按理来说，富和尚比穷和尚更有实力，可最终却是穷和尚成功去了南海，这是为什么呢？很简单，因为穷和尚比富和尚更有行动力。常言道，说一尺不如行一寸，富和尚迟迟不肯行动，所以，他再有钱也到不了南海。由此可见，不管做什么事情，如果我们不去行动，那梦想统统是空想。

宋敏从体校毕业以后，想找一份体面的工作，想拥有一份属于自己的事业，想开创自己的未来，实现自己的人生价值。可是，现在的工作大多工资太低，他心里自然不愿意。

他学的是体育专业，很多同学考了教师资格证书，到学校当老师去了。刚开始的时候，他觉得当老师没有前途，所以，他就没有去考教师资格证书。等到实在找不到工作时，他又想，当初为什么不考个教师资格证呢？

由于懒惰成性，宋敏毕业两年了却还没迈出就业的第一步。他说他有很多想法和目标，只是还没有实现而已。所以他每天的工作就是在网吧里泡上一整天，然后回家吃饭睡觉，为此，他的妈妈操碎了心。

在现实生活中，很多人像宋敏一样，往往是心动的时候多，行动的时候少，他们习惯把希望放在今天，把行动留在明天，总梦想着成功，却迟迟不肯付诸行动，这也就注定他们一生将一事无成。

其实，真正的成功者从不夸夸其谈，他们深知，行动才能产生结果。要想实现梦想，就必须立即行动，因此，他们从不把时间浪费在毫无意义的等待上。

美国海岸警卫队有一名厨师，他从确立了自己的目标开始，就时刻记得行动才是第一位的。这名厨师在空余时间里代同事们写情书，写了一段时间后，他觉得自己突然爱上了写作。他给自己订立了一个目标：用两到三年的时间写一本长篇小说。为了实现这一目标，在每天晚上大家都出去娱乐时，他就在屋子里不停地写。

这样整整写了八年以后，他终于第一次在杂志上发表了自己的作品，虽然只是发表了一篇短文，稿酬也只不过是100美元，但是，他没有灰心。相反，他却从中看到了自己的潜能。

从美国海岸警卫队退役以后，他仍然写个不停。稿费没有收到多少，欠款却越来越多了。有时候，他甚至没有钱去买一个面包。

尽管如此，他仍然锲而不舍地写着。朋友见他实在太贫穷了，就给他介绍了一份到政府部门工作的差事，可他却拒绝了。他说："我要成为一个作家，我必须不停地写作。"

又经过了几年的努力，他终于写出了预想的那本书。为了这本书，他花费了整整十二年的时间，忍受了常人难以承受的艰难困苦。因为不停地写作，他的手指已经变形，他的视力也下降了许多。然而，他成功了！小说出版后，立刻引起了巨大的轰动，仅在美国就发行了160万册精装本和370万册平装本。这部小说还被改编成电视连续剧，创造了当时电视收视率的历史最高纪录。

这位作家的名字叫哈里，他获得了普利策奖，收入一下子超过500万美元。他的成名之作就是我们今天读到的名著——《根》。

世界上有两种人，一种是空想家，另一种是行动派。空想家们善于谈论自己将来要做的大事情；而行动派则是不说废话，马上去做。很显然，哈里就是典型的行动派，行动也是他在事业上取得辉煌成就的关键所在。

演讲大师齐格勒曾以火车为例对行动的力量作了诠释：世界上牵引力最大的火车头停在铁轨上，为了防滑，只需要在它的8个驱动轮前面塞上一块1英寸见方的木块，这个庞然大物就无法动弹。然而，一旦这个巨型火车头开始启动，小小的木块就再也挡不住它了；当它的时速达到100英里时，一堵5英尺厚的钢筋混凝土墙也能轻而易举地被它撞穿。从一块小木块令其无法动弹到能撞穿一堵钢筋水泥墙，火车头的威力变得如此巨大，只因为它开动起来了。

从这个例子中，我们不难发现，行动的力量是巨大的，它能让我们轻松突破很多令人难以想象的障碍。所以，面对工作，我们不能耽溺于空想，而应该立即行动起来，用行动去实现自己的梦想，用行动去斩获成功。

中国台湾散文家林清玄生长于一个普通的农民家庭，小时候，他的家里很穷，他很小就跟着父亲下地干活儿。有一次，干活累了，他跟父亲坐在田埂上休息。他一言不发，呆呆地望着远处出神。父亲看见他这个样子，问他想什么。

他说："等我长大了，不种地，也不上班。""那你干什么？"父亲问。他充满向往地说："我想每天坐在家里，等着人给我邮钱。"一听他这话，父亲笑起来，说："荒唐，你别做梦了！我敢保证，不会有人给你邮钱。"

后来，林清玄上学了。他从课本上知道了埃及的金字塔，他对父亲说："等我长大了，要去看埃及的金字塔。"父亲生气了，在他头上拍了一巴掌，训斥道："真荒唐！你别总是做梦了！我敢保证，你去不了。"

再后来，林清玄上了大学，毕业后当了记者，出了好多书。他每天坐在家里读书、写作，出版社、报社和杂志社源源不断地往他家里寄钱，他用这些钱去各地旅行。终于，他来到了埃及，站在金字塔下，仰望着高高的金字塔，他想起了小时候对父亲说过的话，情不自禁地笑了起来。

当我们知道自己想要什么时，就应该毫不迟疑地付诸行动，如果不行动，梦想将遥不可及。为了实现自己的梦想，为了收获辉煌的人生，我们必须从现在开始，养成一种"立刻行动"的好习惯，并在这种习惯的鞭策下，牢牢地将命运掌握在自己的手中。

## 不要犹豫，机遇往往稍纵即逝

哲学家培根曾说：“古谚说得好，机会老人先给你送上它的头发，当你没有抓住再后悔时，却只能摸到它的秃头了。或者说它先给你一个可以抓的瓶颈，你不及时抓住，再得到的却是抓不住的瓶身了。”从这段话中，我们可以看到，机遇是稍纵即逝的。所以，在机遇面前，我们一定不能犹犹豫豫，以免错失良机。

14世纪，法国哲学家布利丹在一次议论自由问题时讲了这样一个寓言故事：“一头饥饿至极的毛驴站在两捆完全相同的草料中间，它始终犹豫不决，不知道应该先吃哪一捆才好，结果活活被饿死了。”

由此，“布利丹驴”被人们用来喻指那些优柔寡断的人。后来，人们常把做决策时犹豫不决的现象称为“布利丹效应”。

人们常说，做事不能太过冲动，冲动是魔鬼，这话确实很有道理。不可否认，很多时候，思前想后、犹豫不决确实可以让我们避免做错事，但我们也必须知道，太过犹豫往往也会使我们失去更多成功的机会。

回溯历史，因犹豫而错失良机的事例不胜枚举。鸿门宴上，项羽犹豫不决、优柔寡断的处事性格，最终导致其乌江自刎的惨败结局；官渡之战，袁绍十万精兵对阵曹操三万多人，原本可以大获全胜的战争，却因袁绍做事优柔寡断，最终一败涂地；诸葛亮巧用空城计，司马懿在城门下犹豫不定，不敢率军进城，最终失去了一次活捉诸葛亮的最佳机会……

英国剧作家莎士比亚说过：“机不可失，时不再来。”是的，好花堪折直须折，莫待无花空折枝。要知道，机会是从来不等人的，当它到来时，我们要当机立断，立即行动，及时抓住它，并借由它开启成功之门，而不是傻傻地站在原地犹豫不决，眼睁睁地看着它在我们面前消失。

贝斯和盖斯勒原本是费城一家电视公司的制作人，他们发现录影带的市场潜力比较大，虽然他们并非一流的制作专家，但他们决定开创自己的事业。于是，他俩便成立了一家录影公司，由于他们无法制作一流的节目，所以，他们决定提供一些其他有价值的服务：他们提供最好的设备和空间，给其他制作公司使用。虽然他们很早就进入这一行，但是他们仍然面临竞争，为了占有市场，他们不惜冒风险和可能没有付款能力的人签约。

除了提供设备空间之外，他们还给客户提供最新的技术，就像盖斯勒在接受《成大事杂志》访问时所说的：“我们告诉客户他们可能想都没有想到的技术，他们得到好评，而我们得到付款。”

贝斯和盖斯勒的公司除了制作一些表演节目之外，还为录影技术人员提供训练讲座，为一些公司提供公司内部通讯服务。

贝斯和盖斯勒并非最先洞察视讯系统会拥有市场的人，但由于他们迅速采取了行动，因此，他们成为首先进入这个市场的人，赢得了生存的优势。

机会摆在所有人的面前，但是，只有像贝斯和盖斯勒那样出手敏捷的人，才能把握住机会。他们不怕做错决定，也不惧承担后果，所以，他们总能抢占先机，第一个占领市场。

苏珊·海沃德年轻的时候长得漂亮、苗条、性感，那个时候正是好莱坞影片公司发展的全盛时期。苏珊·海沃德像其他许多童星一样，怀着成为好莱坞电影明星的梦想，当上了合同演员。

她进入好莱坞的最初几个月中，面对的不是摄像机而是照相机。她穿着泳装，摆出各种风情万种的姿势，她那充满魅力的微笑，随着报纸杂志的广告传遍五湖四海。

苏珊一直得不到当演员的机会。当她询问老板时，老板总是说："耐心地等一等，总有一天会推荐你的。"

机会终于来了。派拉蒙公司在洛杉矶举行全国性的影片销售会。苏珊接到旅馆舞厅的通知，舞厅里来了很多电影院的老板和来自各州的商人。影星们进入舞厅之前，派拉蒙公司对自己的影片已进行过大肆宣传。

影星们一个接一个与观众见面。苏珊出场时，会场上发出了一片欢呼声。苏珊微笑着说："我知道你们都认识我，你们中有谁见过我的照片？"台下立即有许许多多的人举起了手。

"有人看过我在电影里的形象吗？"观众里没有人举手，只传出了笑声。

苏珊趁热打铁，问道："你们愿意看我在电影中的形象吗？"

会场上响起了雷鸣般的掌声。

苏珊说道：“那么，诸位愿意捎个话给制片公司吗？”

这是一次绝佳的民意测验，那么多观众想看苏珊在电影中的形象，制片公司的老板得到这一民意测验的结果，完全可以判断，如果请苏珊出演影片，此片一定走俏。于是，苏珊不久之后便受聘出演，走上了银幕，并且成了大明星。

苏珊·海沃德无疑是一个聪明的人，在短短的几分钟之内，她迅速地抓住了机会，从而得以在电影中展现自己精湛的演技，让观众一睹她的风采。

要想取得辉煌的成功，我们就得努力训练自己当机立断的能力，就算有时会犯错误，也比那种犹豫不决、迟迟不敢做决定的习惯要好。所以，当机遇从你的面前路过时，请不要再犹豫不决，你的犹豫不决只会耽误你的行动，只有果断地抓住机遇，我们才能大放异彩，铸就辉煌的人生。

## 克服职场拖延症，打造超强执行力

亲鸾上人是日本禅宗历史上最负盛名的禅师，据传，亲鸾自小父母双亡。九岁时，他就已立下出家的决心，于是，他跑去找慈镇禅师为他剃度。慈镇禅师问他："你还这么小，为什么要出家呢？"

亲鸾答道："我虽年仅九岁，但我的父母却都不在了。我不知道为什么人一定要死亡，为什么我一定要和父母分离，所以，为了探索这个道理，我一定要出家。"

慈镇禅师说道："好！我明白了。我愿意收你为徒，不过，今天太晚了，待明日一早，我再为你剃度吧！"

亲鸾听后，非常不以为然地答道："师父，虽然你说明天一早为我剃度，但我终是年幼无知，不能保证自己出家的决心是否可以持续到明天。而且，师父，您都那么老了，您也不能保证您是否明早起床时还活着啊。"

慈镇禅师听了这话，拍手叫好，并满心欢喜地说道："说得好啊！你说的话完全没错，现在我马上就为你剃度！"

在职场上，如果每一个人都有亲鸾这样的行动力，做任何事情都不拖延，那我们迟早会取得事业上的成功。但现实是，很多人都做不到这一点，在上班期间，他们放着手头上的工作不做，总是忙着刷朋友圈、微博，或是干别的事情，等到快下班了，老板交代的任务还没完成。

在老板看来，员工没有完成工作跟员工完成的工作质量很差，两者之间并没有多大区别，其性质同等恶劣。总之，做事拖延的习惯是非常不好的，它不仅会让我们做不好工作，还严重影响我们的职场前途。

程晖是一家企业的技术员，主要负责图纸的设计工作。他头脑聪明，反应敏捷，可就是做事有点拖拉。为此，老板没少说他，可他倒好，非但不觉得这是一个坏毛病，反而觉得把事情拖一拖没什么不好。

为什么他会有这种想法呢？原来，有一次他把工作拖到快到截止时间了，由于时间紧迫，他的注意力非常集中，工作效率也很高，到最后，他竟然在规定时间内完成了工作。所以，这让他产生一种“错觉”，觉得做事拖延大有好处。

但他没有想过，那次过关其实只是侥幸，如果途中发生任何变故，很有可能他的工作就没法按时完成了。后来，老板又交给他一个图纸设计任务，让他三天内交图纸。本来他在两天内就可以轻松地完成这个任务，但信奉“拖拉哲学”的他，在头两天压根就没有工作，时间全花在玩乐上。

等到第三天，他正准备集中精力，将工作速战速决时，公司停电了，所有的设计数据都在电脑里。就这样，没法按时交差的他被老板狠狠地骂了一顿。老板疾言厉色地对他说：“小程，你这人什么都好，就是做事太拖延了，原本我还想给你升职加薪，可你看看你办的这叫什么事儿！你明天不用来上班了！”

对付拖延症，只有一个办法：立即去做。没错，唯有立即行动，用行动粉碎拖延症，我们才能把工作做好，才能离成功越来越近，迎来辉煌的人生。

大龙与小赵同时进了一家集团公司，他们在不同的部门工作。这是一家特别重视员工工作效率的公司，公司的董事长总是在各种场合强调“利用有效的时间，发挥最大的效率”。

一年后，进行工作总结时，两人却受到了不同的待遇。小赵因为工作效率高受到了表扬和奖励，大龙却因为对待工作拖延受到了严厉的批评。

其实，刚进公司时，大龙给大家留下的印象更好一些。因为他工作上手更快，每次有新的工作下来，他一教都懂，而且立马能举一反三，思维很敏捷，但为什么到头来却做得不如小赵好？

人事部的领导对两位员工进行了研究分析后发现，两人的工作能力都不错，也都很努力，两人唯一的区别是小赵比较有时间观念，工作效率高；大龙比较懒散，工作总是拖延，缺乏时间管理。

有一次，老板需要一份当月的业绩报表，要求小赵和大龙抓紧时间，争取在第二天把报表拿给他。小赵和大龙马上就开始工作起来了，快到下班时间了，报表还差一部分数据没有弄完。大龙觉得下班时间到了，明天再做吧，反正还有时间。小赵觉得这份报表马上就能做完了，今天应该把它完成，明天还有明天的工作呢。于是，大龙下班了，小赵留下来继续工作。

没想到的是，晚上老板打电话过来，说现在就急需这份业绩报表。而小赵刚好将这份报表完成了，立即给老板送了过去。

后来，人事部的领导主动和大龙谈了一回心，说："大龙，要重新调整自己的工作态度，把有效的时间利用起来，提高自己的工作效率，改掉拖延的坏毛病，别让这些坏毛病毁了你的职场生涯啊！"

"今日事，今日毕。"故事中的小赵无疑深谙这句话的道理。所以，他在工作上从不拖延，总是以超强的执行力去做事，而跟他相比，大龙就逊色很多了。不难想象，如果大龙再不正视拖延这个问题，那他最后的结局就会如人事领导所说的那样——亲手葬送自己的职场生涯。

永远记住，没有哪个老板能够长期容忍办事拖拉的员工，因此，行走职场，我们若想前途似锦，最实际的办法就是及时处理手上的工作。也就是说，我们要努力克服职场拖延症，快速地行动起来，争取早日完成工作，给老板一个满意的结果。

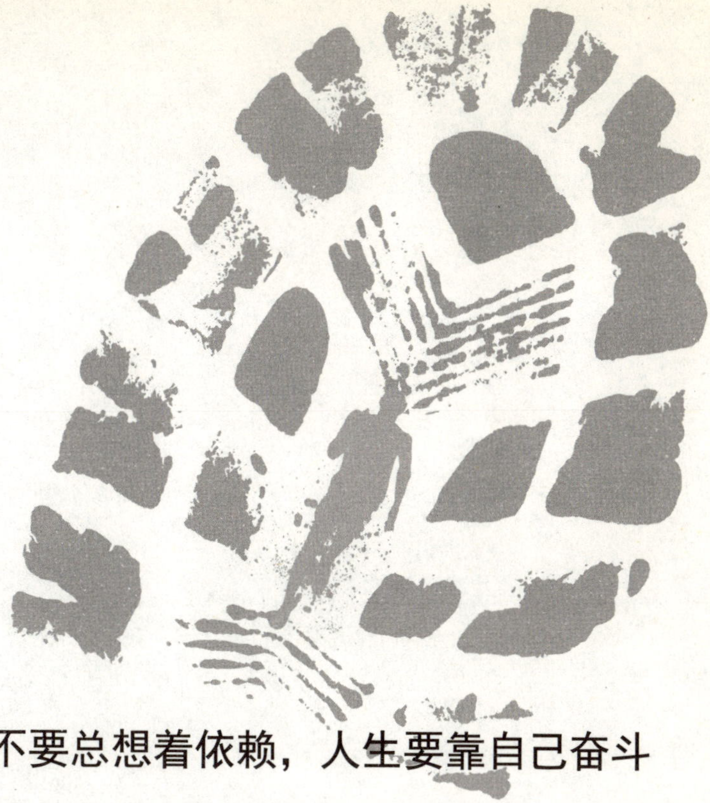

# 第二章　不要总想着依赖，人生要靠自己奋斗

不得不说，拥有一个好的家庭出身，是每个人所渴望的，可我们手上拿到的牌终究有所不同。面对这种情况，我们必须学会接受现实，要知道，虽然我们无法选择出身，但是我们仍然可以通过自我奋斗，最终彻底改变自己的命运。

## 我们无法选择出身，但能够选择奋斗

众所周知，我们无法选择自己的家庭，有的人一出生就站在了一个很高的起点，无须太拼命就能拥有一切；而有的人一出生就注定要走一条比较艰辛的道路。或许很多人为此感到愤愤不平，觉得命运对自己很不公平，是的，命运确实不公平，可我们也必须看到，命运虽然决定了我们出生的那一刻，但我们的一生都是我们自己选择的结果。

有位哲人说过："你无法改变天气，但是你能够改变心情。"不难发现，人生就是一个不断选择的过程，我们无法选择出身，但我们能够选择奋斗，并通过奋斗实现自己心中的梦想，最后过上自己想要过的生活。

玛格丽特·希尔达·撒切尔1925年10月13日降生在英格兰东部林肯郡的格兰瑟姆市的一个杂货商的家庭。当初，谁也没有想到，这个出身卑微的小女孩，竟然会是未来掌管大英帝国命运的人！

玛格丽特·撒切尔的父亲费雷德·罗伯茨是个出身贫困的杂货铺小店主，靠自己的努力维持一家人的生活。当时，她家不算穷，但是，他们并没有花园，没有室内厕所，楼上没有热水。直到"二战”结束，她的父亲才买了第一辆汽车——他人用过的福特牌汽车。后来，父亲跻身于仕宦之列，担任过议员、市长、法官等职，他还把他坚强奋斗的精神、能言善辩的天赋以及对法律和政治的酷爱都言传身教给了他的小女儿玛格丽特。

父亲没有受过正规教育，为了使女儿能受到良好教育，他把玛格丽特送进当地最好的学校。5岁时，玛格丽特就被送去学钢琴。玛格丽特从小聪明伶俐。在学校，她学习刻苦，成绩优异，每年考试，她的成绩几乎都是第一。她穿着整洁，彬彬有礼，特别自信。有一次诗歌朗诵比赛中，9岁的玛格丽特得了第一名。女校长亲自为她颁奖，并祝贺她说：“你很幸运。”没想到这个美丽、倔强的小女孩竟然答道：“这并不是幸运，是我应得的！”

父亲对玛格丽特要求严格，寄予厚望，他从来不能容忍女儿说“我不能”“我认为我做不到”或“太困难”等话。他经常告诉自己的女儿：“如果事情困难，那就更有理由去做！”父亲的这句话已经融入到了玛格丽特的血液与生命之中，它几乎影响了玛格丽特一生！

中学毕业前夕，由于受一位化学教师的影响，玛格丽特决定选读化学系。那时，在英国，大学里的化学系历来是很少有女生敢于问津的。玛格丽特的志向，使她第一次显示出与众多女性的不同之处。经过一年的艰苦拼搏，她终于得到了牛津大学萨默维尔女子学院化学系的录取通知书。

有趣的是，她一进入牛津大学，就同政治结下了不解之缘。她是校内的活跃分子，她参加了学校里的保守党俱乐部，惊人的毅力和勤勉的精神使她很快成为该俱乐部的主席。每到星期五晚上，这个协会就举行娱乐活动，接待内阁大臣，请他们演讲。玛格丽特因此结识了众多保守党知名人士，她的组织能力和辩论才能也由此得到了锻炼和提高。

大学毕业后，玛格丽特曾在一家塑料公司当过化学师，后又到莱昂斯公司当过化学实验员，但她的目光始终在政治舞台上，她参加了当地的保守党协会，继续参与政治活动。1949年，年仅24岁的玛格丽特作为保守党达特福区候选人参加竞选，虽最后被工党所挫败，但她的毅力和顽强的精神给人们留下了深刻的印象。

40年后，在玛格丽特当选为保守党领袖后举行的一次记者招待会上，一位记者请她谈一谈取得胜利后的感想，她坦然回答说："因为我用心去做了，所以胜利必然属于我！我受之无愧！"

后来，玛格丽特通过奋斗竟一跃而成为英国第一位女首相，并连选连任，创造了英国政坛三届连任的奇迹。她才华过人，作风果敢，意志顽强，被誉为英伦三岛"铁娘子"。

跟大多数普通人一样，玛格丽特·希尔达·撒切尔也无法选择自己的出身，但是，她从来没想过"拼爹"，也不怨天尤人，而是选择自我奋斗，卖力打拼，最终改变了命运，迎来属于自己的辉煌。

可能很多人并不知道，全球有80%的亿万富豪出身贫寒或学历较低，他们白手起家，自我奋斗，最后成就一番伟大的事业，赢得了令人羡慕的财富和名誉。

马云出生在杭州，他两次高考失败，第三次终于被杭州师范学院录取。毕业后，马云被分到杭州电子工业学院教英语，同时兼职做翻译。

1992年，还在大学教书的马云跟同事一起成立了海博翻译社。当时的翻译社就是个小店，所有的员工加起来只有5个人。马云跟同事一起筹集了3000元人民币，租了一个房子，房租是每月2400元，翻译社的注册资本是3000元。

创业之初并不顺利，第一个月的营业额才600元。入不敷出的状况令翻译社的员工动摇了，但马云坚信翻译社可以做下去。很快，马云发现卖鲜花跟礼品可以挣钱，于是，他就背着麻袋坐火车去义乌批发进货。

之后，马云将办公室一分为二，一半拿来卖鲜花礼品，一半做翻译社。与此同时，马云还常常背着装满小工艺品的大麻袋在杭州的大街上穿梭售卖，他甚至还做过一年多的药品和医疗器材销售员。

就这样，马云用做小买卖的这些收入来维持翻译社的运营。皇天不负苦心人，三年后，翻译社终于开始盈利，并成为杭州最大的翻译社。然而，马云并未因此停止自己的奋斗之路，随即，他便向学校递交了辞呈。

1995年，马云第一次来到美国，第一次接触到了互联网。1999年，马云已经年薪百万，却毅然辞职，创建了阿里巴巴。2014年，阿里巴巴在纽交所上市。

所以，亲爱的朋友们，永远不要因为贫寒的出身而丧失斗志，我们一定要明白，纵使人与人的出身有差别，人与人的境遇有差别，但这个社会在某种程度上仍旧是公平的，它给每个人都提供了实现自我的机会。也就是说，只要我们斗志昂扬、奋力拼搏，一样可以实现自己的理想。

伟大的心灵导师戴尔·卡耐基曾说："要是一个人能充满信心地朝他理想的方向去做，下定决心过他所想过的生活，他就一定会得到意外的成功。"成功不是守株待兔，也不是天降馅饼，它需要我们努力和付出，想要什么就去奋力争取，只要我们努力过了，就能无愧于心。

## 坚定信念，布衣亦可成王侯

“信念”究竟是什么呢？潜能激发大师安东尼说：“信念，是一个人对于某件事有把握的一种感觉。”当一个人对自己的能力很有把握时，那他就可能过五关斩六将，做出好的成绩；当一个人对自己的未来充满信心时，在这种信念的指引下，他就可能收获成功。

罗杰·罗尔斯是纽约历史上第一位黑人州长，他出生在纽约的大沙头贫民窟。在这儿出生的孩子，长大后很少有人获得较体面的工作。然而，罗杰·罗尔斯是个例外，他不仅考入了大学，而且成了州长。

在他就职的记者招待会上，他对自己的奋斗史只字不提，他仅说了一个非常陌生的名字——皮尔·保罗。后来人们才知道，皮尔·保罗是他小学的一位校长。

1961年，皮尔·保罗被聘为诺必塔小学的董事兼校长。当时正值美国嬉皮士流行的时代。皮尔·保罗走进诺必塔小学的时候，发现这儿的穷孩子比“迷惘的一代”还要无所事事，他们旷课、斗殴，甚至砸烂教室的黑板。

当罗杰·罗尔斯从窗台上跳下，伸着小手走向讲台时，皮尔·保罗说："我一看你修长的小拇指，就知道将来你是纽约州的州长。"

当时，罗杰·罗尔斯大吃一惊，因为长这么大，只有他奶奶让他振奋过一次，说他可以成为5吨重的小船的船长。这一次，皮尔·保罗先生竟说他可以成为纽约州州长，着实出乎他的意料。他记下了这句话，并且相信了它。

从那天起，纽约州州长就像一面旗帜在他的心头飘扬。他的衣服不再沾满泥土，他说话时也不再夹杂污言秽语，他开始挺直腰杆走路，他成了班主席。

在以后的40多年间，他没有一天不按州长的身份要求自己。51岁那年，他真的成了州长。在他的就职演说中，有这么一段话。他说，在这个世界上，理想信念这种东西任何人都可以免费获得，理想信念是所有奇迹的萌发点。

《陈涉世家》为司马迁所著《史记》中的一篇，在这篇文章中，有一句话读起来让人激情澎湃，这句话就是"王侯将相宁有种乎？"。

是啊，那些王侯将相天生就是好命吗？当然不是，在这个世界上，人人平等，不分高低贵贱。换言之，一个人的成绩是做出来的，而不是天生的，命运掌握在我们每一个人的手中，只有靠自己的努力，我们才能改变不平等的命运！毫无疑问，罗杰·罗尔斯的故事也很好地说明了这一点，只要坚定信念，努力拼搏，一介布衣亦可成王侯。

约翰·富勒的父亲是路易斯安纳州的黑人佃户，他有7个兄弟姊妹，从5岁起，约翰·富勒就不得不开始工作。

富勒有一位了不起的母亲，她始终相信他们一家人会过上快乐且衣食无忧的生活。她经常和儿子谈到自己对生活和命运的看法："我们不应该这么穷，我们也不会一直这么穷。不要说贫穷是上帝的旨意，我们很穷，但不能怪上帝，那是因为我们从来不想追求富裕的生活，家中每一个人都胸无大志，这是我们穷的根源。"

"没有一个人想要追求财富"，这句话深深地刺痛了富勒的心，并由此改变了他的一生：他一心向往跻身富人之列，并开始努力追求财富，他从推销商品做起，开始挨家挨户地推销肥皂。

12年后，富勒用2.5万美元作为定金，并答应在10天内筹齐尾款12.5万美元购买存货公司。合约中这样规定，若逾期未补齐尾款，他将失去公司，也拿不回定金。

接下来的几天，富勒向朋友、信托公司及投资集团借钱，到了第十天，他筹到了11.5万美元。

他开车沿着第六十一街走下去，看到第一家亮着灯的商店，就进去请求协助。但是，他没有得到帮助。到了深夜11点，富勒仍然沿着芝加哥第六十一街走下去，过了几个路口，他终于看到一家承包商的办公室里还有灯光。

富勒将车停在那里，走了进去。那位承包商正埋首办公，由于熬夜加班，他已经疲惫不堪。富勒鼓起勇气，直截了当地问："你想不想赚1000美金？"

那位承包商回答："有这样的好事？我怎么不想？当然想。"

"借我1万美金，我会外加1000美金红利还给你。"富勒说。然后，他跟那位承包商讲还有哪些人借钱给他，并且详细说明了整个投资计划。

当晚，他揣着1万美元的支票从那里走出来。其后，他不但从接手的公司获得可观的利润，还清了债务，还陆续收购了四家化妆品公司、一家制袜公司、一家标签公司及一家报社。

后来，富勒总结经验时说："我们很穷，但不能怪上帝。你看，我知道自己要什么。愈知道自己要什么，就愈能够看到机会，并且抓住机会。"

从这个故事中，我们可以看到，辉煌的人生源自坚定的信念，坚定的信念造就辉煌的人生。因此，一个人想要成为卓越人士，取得辉煌的成功，就一定要坚定信念，相信自己能通过自我奋斗实现梦想，创造奇迹。

新东方董事长兼总裁俞敏洪曾说过这样一番启迪人心的话："我们的生活方式有两种，第一种方式是像草一样活着。你尽管活着，每年还在成长，但是，你毕竟是一棵草。你吸收雨露阳光，但是长不大。人们可以踩过你，但是，人们不会因为你的痛苦而产生痛苦，人们不会因为你被踩了，而来怜悯你。因为人们本身就没有看到你。所以，我们每一个人都应该像树一样成长，即使我们现在什么都不是，但是，只要你是一棵树，即使你被人踩到泥土里，你依然能够吸收泥土的养分，自己成长起来。也许两年三年你长不大，但是，十年、八年、二十年，你一定能长成参天大树。当你长成参天大树以后，遥远的地方，人们就能看到你；走近你，你能给人一片绿色、一片阴凉。你能帮助别人，即使人们离开你，回头一看，你依然是地平线上一道美丽的风景线。树活着，是美丽的风景，死了，依然是栋梁之材。"

其实，人的心灵是一颗种子，如果我们的种子是草，那我们就永远是一棵被人践踏的小草。如果我们的种子是树，就算被人踩到了泥土里，早晚有一天我们会长成参天大树。所以，当理想被现实踩进了泥土中，请不要悲伤与哭泣，要相信，只要种子还在，就有发芽破土、长大成材的机会，而我们所要做的就是：呵护好我们的种子，照料好它，直至它顺利开花、结果。

## 成功永远源自你的勤奋

天道酬勤，上天会按照每个人付出的勤奋给予他相应的酬劳。与此相反，懒惰是滋生一切罪恶的温床。心理学家认为，懒惰是一种病，它会慢慢地在一个人的身体里蔓延，然后渐渐地侵蚀人的身体、心灵，甚至是每一个细胞，最终统治这个人的全部意志。一个人一旦被懒惰牵制，贪图安逸，游手好闲，就会产生逃避困难、怕苦怕累的情绪，最后变得更加堕落。由此可见，一个人要想获得成功，就必须勤奋起来，唯有勤奋能指引其走向辉煌的未来。

永远记住，一勤天下无难事！勤奋不仅能够弥补我们先天的缺陷，还可以帮助我们改变懒惰的习惯。因此，对于那些懒惰成性的人来说，勤快无疑是根治其弱点的良丹妙药。

清朝的康熙皇帝是拥有雄才大略的君主。他的才能也是来自于他勤奋地学习。康熙在很小的时候就刻苦读书，他每天读书的时间竟达10多个小时。至青年时，他对经、史、子、集便滚瓜烂熟。特别可贵的是，成年以后，在治理国家的实践中，他知道了自然科学的重要，便苦学起自然科学来。

据史书《正教奉褒》记载，康熙召见外国传教士中明白自然科学的徐日升、张诚、白进、安多等人，请他们轮流到养心殿讲学。

讲学内容有量法、测算、天文、历法、物理诸学。就是外出巡视，他也邀请张诚等人随行，每天空闲的时候，他就学习自然科学知识。

可以毫不夸张地说一句，正是由于康熙勤奋努力，励精图治，从不敢有懈怠之心，才创造了康熙盛世。跟康熙一样，美国前国务卿赖斯也是一个勤奋的人，她通过自我的奋斗，成就了一番事业，让所有人都对她刮目相看。

赖斯全名叫康多莉扎·赖斯，1954年11月14日出生在种族隔离制盛行的亚拉巴马州伯明翰，小名康迪。

和那里的很多黑人儿童的悲惨命运不同，赖斯从小就受到了良好的教育，在家人的保护下长大，并凭借个人的努力获得了成功。

赖斯家相信这样一条真理：黑人的孩子只有做得比白人孩子优秀两倍，他们才能获得平等的机会；优秀三倍，他们才能超过对方。父母告诉赖斯，在伯明翰以外有更多的机会，如果她勤奋学习，力争上游，就会得到回报。

进入学校后，赖斯勤奋学习，成绩十分出色。19岁那年，赖斯大学毕业，26岁获博士学位，精通四门语言的她随后成为斯坦福大学的助教。1989年1月，刚满34岁的赖斯出任乔治·布什总统的国家安全事务特别助理，开始了从政生涯。

作为布什政府中的俄罗斯问题专家，赖斯是有史以来美国政府中职位最高的黑人妇女。4年期满卸任后，赖斯进入胡佛研究院任高级研究员。1993年，赖斯出任斯坦福大学教务长，她是该校历史上最年轻的教务长，也是该校第一位黑人教务长。

2000年美国大选时，赖斯作为共和党总统候选人乔治·沃克·布什的首席对外政策顾问，为布什出谋划策。布什当选总统后，任命赖斯为总统国家安全事务助理。她一直是布什总统的得力助手。2005年1月，赖斯出任国务卿，她是继克林顿政府的马德琳·奥尔布赖特之后美国历史上第二位女国务卿。

赖斯能讲流利的俄语，是俄罗斯武器控制问题专家。她博学勤奋，思路清晰，能够在复杂的问题面前，抓住问题的核心。她还学过9年法语，并能弹一手好钢琴，喜欢看体育比赛。至今仍然独身的赖斯，并没有因为生命中缺乏伴侣而逊色，她的生命在独立和勤奋中绽放出令人赞叹的光彩。

在人性的弱点中，懒惰具有一定的普遍性，它具体作用在不同的人身上，往往会有不同的表现。如，有人办事总是拖拉磨蹭；有人工作拈轻怕重；有人浑浑噩噩，得过且过；有人缺乏行动，总是幻想美好的未来……

不管懒惰以何种形式呈现出来，我们都必须清醒地认识到，懒惰是最具破坏性也最危险的恶习，染上这种恶习的人，一辈子只会一事无成。因此，要想取得辉煌的成就，我们就必须战胜懒惰，勤奋地去学习、工作和生活。

科学家爱因斯坦说过：“在天才和勤奋两者之间，我毫不迟疑地选择勤奋，她是几乎世界上一切成就的催产婆。”我们若想改善自身的境况，就得积极、勤奋，只有这样，我们才能创造辉煌的人生，我们才能拥有光明的未来。

## 自立自强，求人远远不如求己

我们常说：“在家靠父母，出门靠朋友。”这句话本身并没有什么错，毕竟没有一个人能仅凭自己的单打独斗在这个社会上生存下来。我们置身在一个巨大的人际关系网中，时时刻刻都需要和人打交道，因此，要想获得成功，一定的人脉资源实在是必不可少。

但是，人脉只是辅助我们青云直上的有力武器，它本身并不能单枪匹马地为我们上阵杀敌。打个简单的比方，当我们攀爬高楼的时候，很多人都想找个扶手，以便减少自己双脚的负担。但是，即便我们倚着扶梯往上走，接下来的路程还是得靠自己的双腿一步一步地走完。

20世纪30年代，松下幸之助曾经与国道电机工厂合作生产收音机。可是让他们措手不及的是，生产出来的第一批收音机投放到市场后，竟然遭到了退货。

情急之下，松下幸之助连忙找到了国道电机厂的老板北尾，请求他改进收音机的技术，没想到北尾却语带傲慢地说：“要是制造收音机像你说的那么简单，那人人都可以去干这活了！”听了这一番恼人的话，松下幸之助垂头丧气地离开了国道电机厂。

然而，还不死心的他又找到了自家厂子里的技术员中尾哲二郎，诚恳地说道：“中尾君，目前松下收音机的市场情况实在让人忧心，为此，我衷心希望您能带头开发零故障收音机，好吗？”

中尾面露难色，唉声叹气地说道：“可我完全是外行呀，没有任何研制开发产品的专业基础，怕是会辜负您的信任啊！”

松下幸之助拍了拍中尾哲二郎的肩膀，笑着说道：“你一定要做到，如果不会也没关系，可以先买些收音机回来，然后把它们拆开进行研究，不断学习，最后一定能研发成功！”

中尾哲二郎接受任务后，马上带领厂里的一班人马开始夜以继日地研究和设计。经过反复的检测和实验，几个月后，他们终于成功地研制出了收音机。这款收音机投放到市场以后，很快就顺利地占领了国内市场。

当厂里的员工都欢呼着向松下幸之助祝贺时，松下幸之助却无比感慨地说了一句话：“依赖谁都不是长久之计，一切困难最终都需要靠自己去解决。”

一个喜欢依赖他人的人，一旦遇到问题，总习惯把希望寄托在别人身上，渴望对方为自己排忧解难。松下幸之助在遭遇“收音机滞销退货”的窘境时，也曾期待别人替自己扫清一切障碍。可是没有人能替他解决一切问题，最终，他还是觉得“求人不如求己”，决定自主研发收音机。事实证明，松下幸之助的选择是正确的。

由此可见，虽然依赖别人是一件省力的事情，但是，比依赖更重要的还是要学会自力更生。何出此言呢？因为凡事喜欢依赖别人的人，早已经脱离了正常范围里的“靠”，他们执意放弃用自己的双腿行走，而是将全身的重量都放在扶手之上，最后的结局肯定是从楼梯上摔下来，弄得自己遍体鳞伤。

在现实生活中，很多人都曾抱怨自己没有一个家财万贯的父亲，他们总觉得如果父亲能帮自己一把，那他们就能少奋斗几十年，就能不费吹灰之力获得成功。其实，这种想法是非常幼稚的，要知道，父母就算帮得了我们一时，也帮不了我们一世，总有一天，我们要独自面对人生的风风雨雨。所以，如果我们不能把凡事都喜欢依赖别人的坏习惯戒掉，我们迟早会被这块绊脚石绊倒，跌入怯懦和懒惰的泥沼之中，最终一无所获。

我国著名教育家陶行知有一首流传甚广的《自立歌》：“滴自己的汗，吃自己的饭。自己的事，自己干。靠天靠地靠祖上，不算是好汉。”没错，真正有志气的人不会把希望寄托在别人身上，他们会自立自强，靠自己的奋斗去迎接辉煌的人生。

小仲马开始文学创作之初，寄出的稿件总是如石沉大海，得不到任何回应。父亲大仲马便对他说：“你寄稿时给编辑先生附上一封信，说你是大仲马的儿子，也许情况就会好多了。”

可小仲马不但坚决拒绝以父亲的盛名做自己事业的敲门砖，而且不露声色地给自己取了十几个笔名，以免编辑知道他是大仲马的儿子。

最后，经过多年的努力，小仲马终于取得了成功，他的小说《茶花女》一炮而红，成为传世之作。直到编辑去拜访大仲马的时候，才发现《茶花女》的作者原来是大仲马的儿子。

每个人都是自己命运的主人，乞求别人，依赖别人，等待别人的恩赐，只能让我们养成一种惰性——那就是把命运的方向盘交给别人。相信谁都不愿意过这种受制于人的日子，既然如此，我们何不选择自力不强，依靠自己去收获成功？

## 你可以成为你想要成为的那个人

有个叫布罗迪的英国教师在整理阁楼上的旧物时，发现了一叠练习册，它们是皮特金幼儿园B（2）班31位孩子的春季作文，题目叫：未来我是——

他本以为这些东西在德军空袭伦敦时在学校里被炸飞了，没想到它们竟安然地躺在自己家里，并且一躺就是五十年。

布罗迪顺便翻了几本，他很快就被孩子们千奇百怪的自我设计迷住了。比如，有个叫彼得的小家伙说未来的他是海军大臣，因为有一次他在海中游泳，喝了三升海水都没被淹死；还有一个说自己将来必定是法国的总统，因为他能背出25个法国城市的名字，而同班的其他同学最多的只能背出7个。最让人称奇的是一个叫戴维的小盲童，他认为将来他必定是英国的内阁大臣。因为在英国还没有一个盲人能进入内阁。31个孩子都在作文中描绘了自己的未来，有当驯狗师的；有当领航员的；有做王妃的……五花八门，应有尽有。

布罗迪读着这些作文，突然有一种冲动，何不把这些本子重新发到同学们手中，让他们看看现在的自己是否实现了自己当年的梦想。

当地一家报纸为他发了一则启事，没几天，书信就向布罗迪飞来。他们都表示很想知道自己儿时的梦想，并且很想得到那本作文本。布罗迪按地址一一给他们寄去。

一年后，身边仅剩下一个作文本没人索要，他想，这个叫戴维的人也许死了，毕竟已经过去五十年了，五十年间，什么事都可能发生。

就在布罗迪准备把这个本子送给一家私人收藏馆时，他收到内阁教育大臣布伦克特的一封信。他在信中说：那个叫戴维的是我，感谢你还为我们保存着儿时的梦想。不过我已经不需要那个本子了，因为从那时起，梦想就一直在我的脑子里，我没有一天放弃过。五十年过去了，我已经实现了那个梦想。今天，我还想通过这封信告诉我其他的同学：只要努力奋斗，不让年轻时的梦想随岁月飘逝，成功总有一天会出现在你的面前。

年少的时候，每个人都曾对未来的自己有过设想和憧憬，有的人想成为一名教师，有的人想成为一名科学家，还有的人想成为一名商人……然而，当我们长大之后会发现，很少有人真的实现了自己的梦想。但故事中的盲人布伦克特是一个例外，他凭借着自我奋斗，成为儿时梦想中的那个人。

古罗马政治家塞内加说过：“只要持续地努力，不懈地奋斗，就没有征服不了的东西。”在这个世界上，永远没有等来的辉煌，而只有拼来的人生。因此，我们若想成为自己想要成为的那个人，就必须从现在开始不断奋斗，唯有如此，我们才能实现自己的梦想。

20世纪年代，李小龙的影片可谓风靡一时，多少人为之痴迷，周星驰也是其中的一个。第一次在影片中看到李小龙的时候，周星驰就入迷了。自此，成为一个演员的梦想已在周星驰的心中生根发芽。随后，只要一有机会，他就会跑到附近的影院里看李小龙主演的影片，并开始朝着自己的梦想奋斗。

后来，周星驰报考香港无线电视台的演员训练班，却不幸落选。但这丝毫没有动摇周星驰的决心，反而促使他积极从第一次失败的经历中总结经验，他再次报考香港无线电视台演员训练班的夜间部，顺利成为无线电视第11期夜间训练班的学员。

之后，周星驰被分配到电台当主持人，然而，他仍没有忘记自己想当演员的梦想。他相信，只要自己努力奋斗，就一定能成为自己想要成为的那个人。于是，暂时当不了主演的他，就从跑龙套开始；可以当主演了，他瘦弱的形象演不了功夫片，就先从演“无厘头”喜剧开始……

2001年，周星驰自导自演喜剧片《少林足球》，在片中，他饰演具有足球天赋的五师兄，该片在香港地区的最终票房达到6073万港币，不仅获得香港年度票房冠军，还打破了香港地区票房纪录。

2002年，他凭借《少林足球》获得第21届香港电影金像最佳导演奖、最佳男主角奖以及杰出青年导演奖，而该片亦获得第21届香港电影金像最佳电影奖、日本电影蓝丝带奖最佳外语片等奖项，并被美国《时代周刊》选为“世界史上25部最佳体育电影之一”。

现如今，周星驰早已身兼演员、导演、编剧、制作人、商人等多重身份，他主演的一系列电影至今仍是无数影迷心目中的经典，而他本人也终于成为一个电影明星。

### 辉煌等不来，人生靠你自己拼

为何周星驰能梦想成真？答案显然是不言而喻的，那就是简简单单的四个字——自我奋斗。是的，就是自我奋斗，让周星驰一步一步接近自己的梦想，在历经了多年的等待、挣扎、锤炼后，他从一名小小的跑龙套演员成长为一位当红巨星，最终迎来了属于自己的辉煌人生。

当然，或许对很多人来说，梦想似乎太过遥远，而现实又太过残酷，所以，我们总有无数的借口选择放弃，而每一个借口听起来都很冠冕堂皇。但不知大家有没有想过，如果我们都没有为自己的梦想奋斗过，那很多年后，我们自然不会实现自己的梦想。

## 越努力的人往往越幸运

作家冰心曾在一首诗中写道：“成功的花，人们只惊羡她现时的明艳，然而当初她的芽，浸透了奋斗的泪泉，洒遍了牺牲的血雨。”

正如冰心所言，在现实生活中，人们在看待他人的成功时，总觉得对方是一个备受上帝青睐的幸运儿。可实际上，每一个幸运的现在，都有一个努力的过往。越是努力奋斗的人，往往越幸运。

邓亚萍5岁起就随父亲学打球，1988年进入国家队，先后获得14次世界冠军头衔，在乒坛排名连续8年保持第一，是排名世界第一时间最长的女运动员，成为第一位蝉联奥运会乒乓球金牌的运动员，并获得4枚奥运会金牌。

1997年后，已经退役的邓亚萍开始了她长达11年的求学之路，她先后到清华大学、诺丁汉大学和英国剑桥大学进修学习，并获得英语专业学士学位、中国当代研究专业的硕士学位和土地经济学博士学位。

在剑桥大学近八百年的历史中，邓亚萍是第一个作为重量级的世界顶尖运动员拿到博士学位的。2002年，邓亚萍在国际奥委会道德委员会以及运动和环境委员会两个委员会担任职务，2003

年，邓亚萍成为北京奥组委市场开发部的一名工作人员，2010年9月25日上午，邓亚萍成为人民搜索网络股份公司总经理。

曾经的“乒乓女皇”、剑桥经济学博士、国际奥委会官员和共青团北京市委副书记到现在的总经理，邓亚萍经历了几次成功的大跨度人生转折。而这些成就的获得，其实都与她自身的不断奋斗密不可分。

邓亚萍的故事告诉我们一个道理：唯有努力奋斗过的人，才会拥有辉煌的未来。

蛹要经过若干次蜕变才能变成蝴蝶，丑小鸭要历经千辛万苦才能成为白天鹅。然而，正是这些艰辛孕育了最终的辉煌，而这辉煌的背后，往往是种种不为人所知的坎坷过程，那些过程都是辛苦的付出和努力的奋斗。

众所周知，乔·甘道夫博士是美国十大杰出业务员之一，也是美国历史上第一位一年内销售超过10亿美元保费的寿险大师。他的成功绝非偶然。

乔·甘道夫在美国肯塔基州出生，并在那里度过了他美好的童年时光。他的父亲是外国移民，生活并没有保障，在他移居美国不久，便和同样是移民的来自意大利西西里的一个姑娘结婚。上帝并没有眷顾他们，他们仍然过着拮据的生活。

清贫的生活并没有打垮甘道夫一家，他们仍然在努力地改变生活状况，尽管父母没有给他创造最好的生活环境，但甘道夫并没有抱怨，他常自豪地对别人说：“我的父亲是一个勤快、能干的人，他常告诉我，在美国，你可以随心所欲地干你愿意干的事，但对你来说，从商是最好不过的事情。”

甘道夫12岁的时候，他永远地失去了母亲。在他读中学的时候，父亲也离开了他。失去双亲以后，甘道夫陷入了难以忍受的痛苦中，生活对他而言是残酷的，但他并没有放弃希望，他仍在为自己的梦想努力。之后，他进入了军事研究院，1959年，他成了一名数学老师。他并没有安于现状，他经常利用业余时间做些辅导员的工作，238美元是他整个月的收入。

1960年，甘道夫迎来了生命的第一个转折，他进入了保险公司，他的推销员生涯就此展开。甘道夫开始了忙碌的生活，早晨5点起床，6点做完弥撒，然后开始一天的工作，直到深夜10点。在他的不懈努力下，第一个星期，他就做到了92000美元的销售额。甘道夫恨不得把生命中所有的时间都用来工作，他说：“我觉得人们在吃睡方面花费的时间太多了，我最大的愿望就是把生命的所有时间都投入到工作中。对我来说，一顿饭若超过20分钟，就是浪费。”

终于，在甘道夫的努力下，他成功了，他的保险额高达10亿美元，他一年的销售额大大超过了绝大多数保险公司的年销售额。他成了百万圆桌会议成员。

甘道夫在谈到自己的成功时，说：“我成功的秘密相当简单，为了达到目的，我可以比别人多努力一倍，而这是大多数人不愿意做的。”

没有人能随随便便成功，我们要想走在别人的前面，就要像故事中的甘道夫一样，付出比别人多一倍，甚至还要更多的努力。

命，是失败者的借口；运，是成功者的谦辞。失败者说命不好，心里却后悔，当初没尽力；成功者说是命好，心里却清楚，付出的代价。命运不是由什么神秘的力量主宰，而是自我的花开出的果。您如何选择，命运就如何发生。想要知道费了多少心，只需看树上挂了多少果实。

人生就是越努力，越幸运。如果“努力”是一种投入的话，那么，“幸运”就是产出。所以，不管什么时候，我们都要靠自我的努力和奋斗去开启成功的大门。

# 第三章　找准前进的方向，别让你的努力白费

在工作中，很多人只知低头拉车，不知抬头看路，这样做的结果就是，时间和精力都花费了，工作却毫无成效。由此可见，不让努力白白浪费的最好办法是树立一个明确的工作目标，再沿着正确的方向一步步前进，直至成功到达目的地。

## 一个人没有目标，就像船没有罗盘

光阴似箭，日月如梭，随着时光的流逝，很多人开始回首往事，他们发现，自己这一生，努力过，也奋斗过，但不知为何，没有收获成功。问题出在哪里呢？问题就出在他们没有目标。

唐太宗贞观年间，长安城西的一家磨坊里有一匹马和一头驴子，它们是好朋友，马在外面拉东西，驴子在屋里推磨。贞观三年，这匹马被玄奘大师选中，出发经西域前往印度取经。

17年后，这匹马驮着佛经回到长安，它重到磨坊会见驴子朋友。老马谈起这次旅途的经历，说它经过了浩瀚无边的沙漠、高入云霄的山岭，看到了凌峰的冰雪和大海的波澜。驴子惊叹道："你有多么丰富的见闻呀！那么遥远的道路，我连想都不敢想。"

"其实，"老马说，"我们跨过的距离大体是相等的，当我向西域前进的时候，你一步也没停止。不同的是，我同玄奘大师有一个遥远的目标，所以我们打开了一个广阔的世界。而你被蒙住了眼睛，一生就围着磨盘打转，所以永远也走不出这个狭隘的天地。"

一个人只有知道自己的目标在哪里，才能走在正确的轨道上，才不会白白浪费自己的努力。老马拥有目标，它朝着目标不断前进，最终收获灿烂的一生；而驴子没有目标，它终日围着磨盘打转，最后就只能与狭隘的天地为伴。

目标是我们前进的方向，目标是我们心中的灯塔，当我们的事业之船在黑夜中前行时，目标能为我们导航，帮助我们辨别方向。在工作中，没有目标的人，就像船没有罗盘，终日飘荡在海面上，浑浑噩噩，虚度光阴，无所作为；而有目标的人，就像加足马力的汽车，能以飞快的速度奔腾起来。

罗马纳·巴纽埃洛斯是一位年轻的墨西哥姑娘，她十六岁就结婚了。她生了两个儿子，丈夫离家出走后，罗马纳只好独自支撑家庭。她用一块普通披巾包起全部的财产，跨过里奥兰德河，在得克萨斯州的埃尔帕索安顿下来。她在一家洗衣店工作，一天仅赚一美元，但她从没忘记自己的梦想。于是，口袋里只有七美元的她，带着两个儿子乘公共汽车来到洛杉矶寻求更好的发展。

她开始做洗碗的工作，后来找到什么活就做什么。她拼命攒钱，直到存了四百美元后，她和她的姨母共同买下一家店。她与姨母共同制作的玉米饼非常成功，后来还开了几家分店。直到最后，姨母感觉到工作太辛苦了，罗马纳便买下了姨母的股份。不久，她经营的小玉米饼店铺成为全国最大的墨西哥食品批发商，拥有员工三百多人。

她和两个儿子经济上有了保障之后，这位勇敢的年轻妇女便将精力转移到提高她美籍墨西哥同胞的地位上。

“我们需要自己的银行。”她想。后来，她便和许多朋友在东洛杉矶创建了“泛美国民银行”，家银行主要是为美籍墨西哥人所居住的社区服务。

抱有消极思想的专家们告诉她：“不要做这种事。”他们说：

“美籍墨西哥人不能创办自己的银行，你们没有资格创办一家银行，同时永远不会成功。”

“我行，而且一定要成功。”她平静地回答说。

她与伙伴们在一个小拖车里创办起他们的银行。可是，到社区销售股票时，他们却遇到另外一个麻烦，因为人们对他们毫无信心，所以，她遭到了拒绝。

他们问道：“你怎么可能办得起银行呢？”“我们已经努力了十几年，总是失败，你知道吗？墨西哥人不是银行家呀！”

但是，她始终不放弃自己的目标，通过努力，她成功地创办了自己的银行，这一事迹还在东洛杉矶传为佳话。后来，她的签名出现在无数的美国货币上，她由此成为美国第三十四任财政部长。

谁能想象得到，一个名不见经传的墨西哥移民，后来竟然成为美国的财政部长。而这一切都要归功于她有远大的目标，在目标的指引下，她自强不息，她努力奋斗，她坚持不懈，最终在事业上取得了辉煌的成就。

我们都知道，狼在捕捉猎物时，会先确定一个目标，尽早地确定目标，就能尽早地捕捉到猎物。同样的道理，一个人若是在工作中尽早确定自己的目标，就能尽自己最大的努力向目标冲刺，最后收获成功。

英国十九世纪的政治家查士德斐尔爵士说过：“目标的坚定是性格中最必要的力量源泉之一，也是成功的利器之一。没有它，天才也会在矛盾无定的迷径中徒劳无功。”是啊，一个人没有目标，又如何能到达目的地呢？目标的作用无疑是巨大的，它为我们的工作指明方向，让我们走的每一步都稳重有力。

本田公司的创始人本田宗一郎1906年出生于日本静冈县，1922年离开家乡来到东京，进入一家汽车修理厂当学徒。他非常勤奋，没多久就成了一名优秀的修理工。1928年，本田宗一郎开办了一家自己的汽车修理厂，经营得非常成功，但这并不是他所追求的目标。

1934年，本田宗一郎关闭了汽车修理厂，同时成立了东海精密机械公司，主要生产活塞环，并为丰田汽车供货。这仍然不是本田宗一郎的最终目标。

本田宗一郎年轻的时候，虽然一无所有，但他有一个雄心勃勃的梦想，他给自己定下了一个目标，那就是要跻身世界最大汽车制造商的行列。开办汽车修理厂和生产活塞环，都只是为了实现这个远大目标所做的铺垫。因此，在1945年，他将蒸蒸日上的东海精密机械公司卖给了丰田公司，并于1946年创建了今天的本田技术研究所，开始研发、生产摩托车。

现在，本田宗一郎的这一目标早已经实现。在全球小轿车市场，本田汽车的产销量和市场份额与日俱增，和通用、福特等汽车品牌共同跻身于全球最著名的汽车销售商之列。

目标是如此重要！有了目标，我们不会再感到茫然无措，工作于我们而言也不再是一种负担，我们在工作中所做的每一件事情都变得有意义、有价值，它们都是我们为实现目标、取得事业成功所做的努力和铺垫。

所以，在职场的大海上航行，我们要趁早给自己这艘船安上一个罗盘，只有明确工作目标，我们才能找准前进的方向。

## 要嫁就嫁对郎，要入就入对行

有人曾做过一项职业调查，调查结果发现，有28%的人找到了自己最擅长的职业，并把自己的优势发挥得淋漓尽致，最后取得了事业成功；相反，剩下72%的人并不清楚自己的长处，一直从事自己不擅长的工作，这导致他们无法脱颖而出。

有一块铁非常羡慕花瓶，它觉得花瓶里盛满清澈的水，还可以和美丽芬芳的鲜花亲近，更重要的是它非常受人重视，每天都被摆在显眼的茶几上。当花瓶是一件多么幸福的事啊！因此，铁苦苦哀求铁匠将自己做成花瓶。

几天后，铁花瓶如愿以偿地站在了茶几上，它觉得自己风光极了。然而，没过多久，铁花瓶就被扔到了角落里，因为在水的侵蚀下，它浑身都长满了难看的铁锈。

“我为什么会这样不幸啊？”铁向邻居老猫哭诉着。老猫仔细看了看它，叹了口气道：“你应该成为斧头或刀，你的不幸是因为你摆错了自己的位置！”

为什么铁会摆错自己的位置，很大程度上是因为它并不了解自己，而在不了解自己的基础上做决定，则很容易走上一条错误的道路，最后让自己后悔不迭。

俗话说：“男怕入错行，女怕嫁错郎。”其实，在现代社会，不分男女，大家都怕入错行。一旦入错行，继续做下去是一种痛苦，选择转行也是一种痛苦。前者并不难理解，继续在错误的行业耕耘下去，即便花再多的心血也是枉然，最后是很难有所收获的；后者则是因为职业生涯中的资本积累就跟积累钱财一样，我们的每一分努力和奋斗，每一点经验和成绩，都是积少成多，如果我们入错行后再来转行，那先前所做的努力就全都要白废了。

哲学家尼采说过：“聪明的人只要能认识自己，便什么也不会失去。”只有认识自己，找准自己的位置，发现自己的个性和长处，我们才能找到最适合自己的行业，并为之努力奋斗，进而取得属于自己的成功。

他出生在一个偏僻的山村，是一个地地道道的乡下小孩。他的母亲是最寻常的农家妇女，他的父亲则是村里的“土秀才”，写得一手漂亮的毛笔字。

记得小时候，只要父亲不在家，他就偷偷溜进书房。他爬上书桌，拿起毛笔，蘸满墨汁，在墙上涂画了一个人像，这是他生平的第一幅画作。父亲回家后，看到洁白的墙上留下了儿子的“处女作”，气得操起棍子追着他打。而顽皮的他却边跑边回头，和父亲玩起了猫捉老鼠的把戏。

没过多久，父亲居然买了一块小黑板送给他。从此，他每天都会趴在小黑板前痴迷地画画。上小学时，他又在书本的空白处画上各种人物头像。考入初中后，他开始有意识地阅读了大量的漫画书，细细品味名家的画作，然后将自己的作品寄给出版社。令人意想不到的是，他的画稿不断地被采用。

初二暑假，他收到集英社的聘任书。当晚，父亲一如平常坐在藤椅上看报，他走到父亲身后，说："爸，我明天要到台北去画漫画。"父亲头也没抬，边看报边问："有工作吗？""有了。""那就去吧。"父亲一动也没动，继续看他的报纸。真想不到，父亲会如此轻易地答应他弃学从画的选择。这十几秒的一问一答，竟成了改变他一生的最重要时刻。

辍学后的他带着200元钱和一个大皮箱只身来到台北。让出版社老板颇感惊讶的是，画出自己中意作品的，竟然是个孩子。

三个月后，他跳槽去了当时最大的漫画出版社——文昌社。为了提高自己的专业素养，他自修了大学美术系里的所有课程。

一天，他在报上看见光启社招聘美术设计人才，但必须是大学本科毕业和有两年以上电视节目工作经验的。然而，只有小学毕业证的他，却抱着作品集去找招聘负责人。结果，他击败了29名大学生，如愿进入光启社。他说："我没有文凭，可是实力超强。"

正是凭着超强的实力，不久，他就成立了"远东卡通公司"，专事广告动画片的制作。他制作的《七彩卡通老夫子》创下电影界有史以来的最高票房纪录，并由此获得当年的最佳动画片金马奖。

声名鹊起的他并没有停下追求的脚步，而是朝着人生更高的目标迈进。"厚积才能薄发"，为了薄发，他选择了闭关。闭关，就是潜心做一件事，就是疯狂地做一件事。在闭关的日子里，他每天睡眠不超过5小时，吃的都是"东方三明治"——馒头加豆腐乳。

由于他的不懈努力，他创造了一个又一个奇迹。他就是中国台湾的蔡志忠。在谈到自己的成功秘诀时，蔡志忠是这么回答的："把自己最擅长的事做到极致，就会成功。"

在这个世界上，总有一些事情是我们擅长的，选择了适合于发挥自己长处的职业，然后认真地去做，我们总会收获良多。蔡志忠不就是一个典型的例子吗？他入对了行业，找对了方向，从事了自己最擅长的职业，所以，他的工作才那么高效，并在最短的时间内取得了最大的成就。

由此可见，在选择工作时，我们每个人都要先问问自己：我的优势在哪里？我将来想在哪个领域获得发展？然后在这个基础上选择适合自己的。当然，我们不要指望一蹴而就，马上就进入自己想要发展的行业，只要我们找的大方向是对的，那么，我们每往前一步，就是在接近自己的梦想。

## 尽可能从事自己喜欢的工作

子曰："知之者不如好之者，好之者不如乐之者。"这句话的意思是，学习知识或本领，知道它的人不如爱好它的人接受得快，爱好它的人不如以此为乐的人接受得快。

喜欢是最原始的动力，兴趣是最好的老师。所以，选择一份工作，我们要尽可能地从自己的喜好、兴趣着手，只有这样，我们才能找准前进的方向，我们才能在收获快乐的同时，将工作做得异常出色。

有一个男孩子，父母希望他能成为一名体面的医生。可是男孩读到高中便被计算机迷住了，整天鼓捣着计算机，他把计算机的主板拆下又装上。父母很伤心，告诉他应该用功念书，否则根本无法立足社会。可是，男孩说："我对电脑很感兴趣，有朝一日我会开一家公司。"父母根本不相信，还是千方百计按自己的意愿培养男孩，希望他能成为一名医生。

不久，男孩终于按照父母的意愿考入了一所大学的医科，可是他只喜欢电脑。在第一学期，他从零售商处买来降价处理的IBM个人电脑，在宿舍里改装升级后卖给同学。他组装的电脑性能优良，而且价格便宜。不久，他的电脑不但在学校里走俏，而且连附近的法律事务所和许多小企业也纷纷前来购买。

第一个学期快要结束的时候，他告诉父母，他要退学。父母坚决不同意，只允许他利用假期时间推销电脑，并且限定，如果一个夏季电脑的销售量不好，那么，他必须放弃做电脑生意。可是，男孩的电脑销售量在这个夏季突飞猛进，仅用了一个月的时间，他就完成了18万美元的销售额。他的计划成功了，父母很遗憾地同意他退学。

他组建了自己的公司，在很短的时间内，公司良好的业绩引起投资家的关注。第二年，公司顺利地发行了股票，他拥有了1800万美元的资金，那年他才23岁。10年后，他拥有资产达43亿美元，他就是美国戴尔公司总裁迈克尔·戴尔。

兴趣是一种强大的内驱力，对于自己喜欢、感兴趣的事情，我们做起来通常都特别卖力，充满激情，即便很辛苦，需要付出很多心血，我们都甘之如饴。

戴尔根据自己的兴趣做出了正确的选择，所以，他才拥有了如此大的成就。所以，当我们选择生存之路时，千万别让自己的兴趣在遗憾中消磨殆尽，而应该做自己喜欢的工作，最后做出一番不凡的事业。

1642年的圣诞节前夜，在英格兰林肯郡沃尔斯索浦的一个农民家庭里，牛顿诞生了。大约从5岁开始，牛顿就到公立学校读书，12岁时进入中学。

少年时的牛顿并不是神童，他资质平常，成绩一般，但他喜欢读书，喜欢看一些介绍各种简单机械模型制作方法的读物，并从中受到启发，自己动手制作些奇奇怪怪的小玩意，如风车、木钟、折叠式提灯等等。他沉浸在这样的乐趣中，同龄人无法理解和体会，他却乐此不疲。

有一天，一位药剂师的房子附近正建造风车，小牛顿把风车的机械原理摸透后，自己也制造了一架小风车。有趣的是，推动他的风车转动的不是风，而是动物。他将老鼠绑在一架有轮子的踏车上，然后在轮子的前面放上一粒玉米，刚好那地方是老鼠可望不可即的位置。老鼠想吃玉米，就不断地跑动，于是，轮子不停地转动。

此外，以发明创造为兴趣的小牛顿还制造了一个小水钟。每天早晨，小水钟会自动滴水到他的脸上，催他起床。

后来，迫于生活，母亲让牛顿在家务农。但牛顿对务农并不感兴趣，他一有机会便埋首书卷，常常因为过于投入而忘记干活。

有一次，母亲让他煮鸡蛋，他一边看书一边干活，糊里糊涂地就把一块怀表扔进了锅里，等水煮开后，揭盖一看，他才知道自己错把怀表当鸡蛋煮了。

每当家人让他去集市学做生意时，他总是哄骗家人，脱身出门后，自己躲在树丛后看书。有一天，牛顿的舅父起了疑心，就跟踪牛顿到集市上去，结果他发现他的外甥伸着腿，躺在草地上，正在聚精会神地钻研一个数学问题。牛顿的好学精神深深地打动了舅父，于是，舅父出面劝服母亲让牛顿复学。

就这样，在舅父的帮助下，牛顿重新回到了学校。对知识充满浓厚兴趣的他，在18岁时就顺利完成了中学的学业，并得到了一份完美的毕业报告。

1661年6月3日，牛顿进入剑桥大学的三一学院学习。1665

年，牛顿发现了广义二项式定理，并开始发展一套新的数学理论，也就是后来为世人所熟知的微积分学。在此后两年里，牛顿又继续研究微积分学、光学。

成功学家拿破仑·希尔说过：“做你感兴趣的事，如果你的兴趣够浓，那么，你几乎是所向无敌的。”李开复也说：“当你对某个领域感兴趣时，你会在走路、上课、洗澡时都对它念念不忘，你在该领域内就更容易取得成功。”

在兴趣的指引下，牛顿的创造力如泉水喷涌，他一直追随自己的兴趣爱好，并将其延续到日后的科研工作中，因此，他在科学领域取得了巨大的成就。

诚然，兴趣对于一个人的事业具有无可替代的促进作用。但遗憾的是，在我们身边，很多人都在做着自己并不喜欢的工作，他们的热情、生命力、创造力和意志力都在其中消失殆尽，这无疑是很可怕的。但愿我们都不要成为这样的人，但愿我们都从事自己喜欢的工作，并做出一定的成绩。

在工作中，一个人的兴趣一旦被激发，他会带着愉快的心情主动去认识、接触和学习新鲜事物，那么，经过一段时间，他的专业知识就会越来越丰富，他的职业技能就会越来越强大。

## 目标专一才能登上成功的高峰

做事不光要有明确的目标，还要把全部的注意力集中在一个目标上。毕竟，每个人的精力都是有限的，把精力分散在好几个目标上，到头来只会两手空空，白白浪费自己的时间和才华。

春秋时候，楚国有个擅长射箭的人叫养叔。他能在百步之外射中树枝上的叶子，并且百发百中。楚王羡慕养叔的射箭本领，就请养叔来教他射箭。

养叔把射箭的技巧倾囊相授。楚王兴致勃勃地练习了好一阵子，渐渐能得心应手，就邀请养叔跟他一起到野外去打猎。

打猎开始了，楚王叫人把躲在芦苇丛里的野鸭子赶出来。野鸭子振翅飞出，楚王弯弓搭箭，正要射猎时，忽然，他的左边跳出一只山羊。楚王心想，一箭射死山羊，可比射中一只野鸭子划算多了！于是，楚王又把箭头对准了山羊，准备射它。正在此时，他的右边突然又跳出一只梅花鹿。

楚王又想，若是射中罕见的梅花鹿，价值比山羊又不知高出了多少，于是，楚王又把箭头对准了梅花鹿。

忽然大家一阵惊呼，原来，从树梢飞出了一只珍贵的苍鹰，苍鹰正振翅往空中飞去。楚王又觉得还是射苍鹰好。可是，当他正要瞄准苍鹰时，苍鹰已迅速地飞走了。

楚王只好回头来射梅花鹿，此时，梅花鹿也逃走了。楚王只好再回头去找山羊，山羊也早溜了，连那一群鸭子都跑得无影无踪了。

楚王拿着弓箭比画了半天，结果什么也没有射到。

楚王之所以什么也没有射着，就是因为他的目标太多，结果精力被严重分散，反而什么也射不中。

所以，在这儿，我们提出“一个目标原则”，即专注于一个目标，专心把一件事情做好，只有这样，我们才能提高自己做事的效率，最后有所收益。所有在专业领域取得成就的名人，都是目标专一的人。他们紧盯自己的目标，坚定不移地朝着这个目标走去，最后终于登上成功的高峰。

我们都知道，一张白纸放在太阳底下不会燃烧，但用凸透镜把阳光聚在一个点上，纸就会燃烧起来。同样，人一旦专注于一个目标，生命也就开始了聚焦，专心的力量将会帮助我们实现梦想，成就一番骄人的事业。

美国政治家亨利·克莱曾说：“遇到重要的事情，我不知道别人会有什么反应，但我每次都会全身心地投入其中，根本不会去注意身外的世界。那一刻，时间、环境、周围的人，我都感觉不到他们的存在。”

是的，把所有的注意力放在一个目标上，全身心地投入，这样，我们的思维就不会转移到其他的事情上去，我们就能在最短的时间内到达终点，取得成功。

陈树给步步高写广告歌唱响全国后，请求陈树写广告歌的企业家变得越来越多。于是，陈树干脆辞了职，在自己租来的房子里成立了一家叫“哆来咪”的工作室，专门从事广告歌的创作。

为了收获更多的利润，陈树开始承接整首歌曲的创作。歌词由自己写，谱曲则发包出去。想当年，陈树给“步步高”写广告词虽然得了1万元报酬，但步步高整首歌的创作却得到了20万的报酬。这中间的差距很大。这样干了一段时间，陈树的收入直线增长。不久，陈树把音乐工作室的名字由“哆来咪”改成了“风雅颂”，专门从事形象歌曲创作。

在将近十年的时间里，光怪陆离的乐坛发生了无数的变化，各种炒作方式层出不穷，而陈树始终坚持做一件事——写中国最好的广告歌。

正所谓，只要功夫深，铁杵磨成针。在同一个阶段只专注于一个目标的人，往往都具备坚强的毅力，他们可以将原本就制定好的目标和计划一步步付诸实践，直至获得成功，全程丝毫不受任何外来因素的干扰。

修剪过果树的人都知道，果实在成熟的过程中需要大量的营养，如果不剪去果树多余的枝丫，就无法保证果实获得充分的营养。果树如此，人亦是如此。果树若想结出甜美的果实，就必须剪去多余的枝节，专心致志地为果实提供营养；而人要想获得成功，就必须剪去多余的思绪和想法，专心致志地朝一个目标不断努力。

一位父亲带着三个儿子到草原上猎杀野兔。在开始行动之前，父亲向三个儿子提出了一个问题：“你们看到了什么呢？”

老大回答道：“我看到了我们手里的猎枪、在草原上奔跑的野兔，还有一望无际的草原。”父亲摇了摇头。

老二的回答是：“我看到了爸爸、大哥、弟弟、猎枪、野兔，还有茫茫无际的草原。”父亲又摇了摇头。

而老三回答：“我只看到了野兔。”这时父亲才说：“你答对了。”

马克·吐温有一句这样的名言：“只要专注于某一项事业，就一定会做出使自己感到吃惊的成绩来。”是的，在激烈的职场竞争中，如果我们能做到目标专一，那我们脱颖而出的机会就将大大增加。

## 将大的目标细化，分阶段去实现

在工作中，越是远大的目标，看起来就越是遥不可及。没有人能一口吃成一个胖子，我们只有学会将大的目标分解成一个个小目标，然后分阶段去实现，最后才能品尝到成功的喜悦。

雷恩25岁的时候，因失业而过着三餐不继的生活，为了躲避房东的讨债，他白天都在马路上闲晃。

一天，他在街上偶然碰到了著名歌唱家夏里宾先生。雷恩在失业前曾经采访过他，雷恩没想到的是，夏里宾先生竟然一眼就认出了他。

“很忙吗？”夏里宾先生问雷恩。

雷恩含糊地回答了他，他想夏里宾先生看出了他的失意。

“我住的旅馆在第103号街，跟我一起走过去好不好？”

“走过去？但是，夏里宾先生，60个路口，可不近呢。”

“胡说，”他笑着说，“只有5个路口。”

雷恩不解。

“是的，我说的是第6号街的一家射击游艺场。”

这话有些答非所问，但雷恩还是跟着他走了。

“现在，”到达射击场时，夏里宾先生说，“只剩11个街口了。”

没多久，他们到了卡纳奇剧院。

“现在，还有5个街口就到动物园了。”

就这样走着走着，他们在夏里宾先生的旅馆前停了下来。奇怪得很，雷恩并不怎么觉得疲惫。夏里宾先生开始解释为什么雷恩并不感到疲惫的理由：“今天这种走路的计算方式，你绝对要记在心里，这是一种生活的艺术。无论你与你的目标距离有多么遥远，都不要担心，只把你的精神集中在5个街口的距离，别让那遥远的未来使你烦闷。”

当我们与自己的目标相隔很长一段距离时，我们往往会感到焦躁不安、灰心丧气，甚至还有可能跌倒在奔向目标的路上。这个时候，我们不妨将这段距离分成几段，如此便能坚定信心，最终让自己成功抵达目的地。

永远不要幻想一步登天！要知道，举凡成功的人都是在实现无数的小目标后，才逐渐实现他们伟大的梦想的。所以，我们也要像他们一样，化整为零，从大目标着眼，从小目标着手，一步一步完成每天、每周、每月、每年的目标，到最后，我们就会距离原定的大目标越来越近，直到最后实现自己的目标。

1984年，在东京国际马拉松邀请赛中，名不见经传的日本选手山田本一出人意料地夺得了世界冠军。当记者问他凭什么取得如此惊人的成绩时，他说了这么一句话：凭智慧战胜对手。

当时，许多人都认为这个偶然跑到前面的选手是在故弄玄虚。马拉松是体力和耐力的运动，只要身体素质好，又有耐性，就有望夺冠，爆发力和速度都还在其次，说用智慧取胜确实有点勉强。

两年后，意大利国际马拉松邀请赛在意大利北部城市米兰举行，山田本一代表日本参加比赛。这一次，他又获得了世界冠军。

记者又请他谈经验。山田本一不善言谈，回答的仍是上次那句话：用智慧战胜对手。这回，记者在报纸上没再挖苦他，但对他所谓的智慧迷惑不解。

十年后，这个谜终于被解开了，他在他的自传中是这么说的：每次比赛之前，我都要乘车把比赛的线路仔细地看一遍，并把沿途比较醒目的标志画下来。比如第一个标志是银行；第二个标志是一棵大树；第三个标志是一座红房子……这样，比赛开始后，我就以百米的速度奋力地向第一个目标冲去，等到达第一个目标后，我又以同样的速度向第二个目标冲去……起初，我并不懂这样的道理，我把我的目标定在终点线上的那面旗帜上，结果，我跑到十几公里时就疲惫不堪了，我被前面那段遥远的路程给吓倒了。

巍峨的高山是一步步用脚量下来的，当我们把大目标分解为多个易于达到的小目标时，我们每前进一步，实现一个小目标，就能体验到小小的成功。而这种小小的成功又会强化我们的自信心，使我们一直处于愉悦之中，并激励我们充分发挥自己的潜能，去奔赴下一个小目标。

美国科学家曾经做过这样一组实验：将30个人分为A、B、C三组，让他们分别走到十公里以外的村子去。

A组人员不知道村子的名字，也不知路程有多远，他们只知道跟着向导走。结果，走到五分之一的距离，大家都开始叫苦；走到一半的路程，大家不断地抱怨；走完四分之三的路程，大家都愤怒了；走完全程，大家情绪都很低落。他们走完全程花费的时间是最长的，而且大家也很痛苦。

B组人员只知道村子的名字，但路边没有里程碑，他们只能凭经验估计行走的时间和路程。走到一半的距离，有人开始询问；走完四分之三的路程，大家普遍情绪低落，最后大家都疲惫不堪。他们花费的时间也是较长的。

C组人员不仅知道村子的位置，而且，沿途还设有路碑，向导知道大家行进的速度和剩下的距离。一路上，大家有说有笑，大家在快乐的情绪中走完全程。结果，他们花费的时间是最短的，也是最快乐的一组。

从这个实验结果中，我们不难得出一个结论：一个人越是清楚自己的目标，并将目标细化成若干个易于实现的小目标，就越是能轻松愉快地实现目标。

所以，不管做什么事情，我们要想取得成功，首先就得将大的目标细化，然后逐一去实现小目标。只有这样，我们才不会产生倦怠心理，也不会轻易选择放弃，而是会一直走在正确的道路上，直到顺利到达终点。

# 第四章　将来的你，一定会感谢现在主动的自己

著名演说家陈安之有一句经典名言：“成功者凡事主动出击。”毫无疑问，这句话值得我们每一位职场人士深思。行走职场，我们有主动工作的态度，不管做什么事情，都不能等着老板下指令，不管遇到什么问题，都要自己想办法去解决，只有这样，我们才能成就一番骄人的事业。

## 被动只能谋生，主动才能成就事业

卡内基曾经说过：“有两种人绝不会成大器，一种是非得别人要他做，否则绝不主动做事的人；另一种人则是即使别人要他做，也做不好事情的人。那些不需要别人催促，就会主动去做应做的事，而且不会半途而废的人必将成功，这种人懂得要求自己多付出一点点，而且做得比别人预期的更多。”

设想一下，如果两个背景一样的员工在一起工作，一个勤奋主动、热情进取，另一个却总是被动消极、懒惰散漫，如果你是老板，你会喜欢哪种员工呢？

答案是不言而喻的。对于企业来说，时间就是金钱，效率就是生命，每一位企业管理者都希望自己的员工在做事的时候态度积极一点，超预期地完成工作，从而为企业创造更多的效益。

宋坤和庞鸣同时受雇于一家超级市场，两人都从最基层的工作做起。不久，宋坤就获得了总经理的青睐，被提拔成为部门经理。

这让庞鸣感到很不服气。于是，庞鸣找到总经理，向他提交了辞呈，并痛斥总经理的不公平。他觉得总经理对自己这样辛辛苦苦工作的员工，非但不提拔，还正眼都不看一下，相反，对一些喜欢溜须拍马的家伙却一再地提拔。

总经理耐心地听他说完，随即笑着说道：“你想知道问题出在哪里吗？这样吧，你现在立刻到集市上去，看看今天市场的情况。”

庞鸣接到任务后，立马飞奔去集市，没过多久，他便从集市上回来，向总经理汇报说集市上只有一位农民拉了一车土豆在卖。

“一车土豆大约有多少袋、多少斤？”总经理问。

庞鸣又跑去集市，回来后说了袋数和每袋的重量。当总经理问他价格是多少时，他又只好再次跑到集市上去。

看着跑得气喘吁吁的庞鸣，总经理说：“你先休息一会儿，让我们来看看你的朋友在相同的时间里都做了些什么。”说完，总经理叫来了宋坤，吩咐他说：“你马上到集市上去看看今天的市场情况。”

宋坤很快就从集市回来了，他汇报说：“只有一位农民在卖土豆，一共有40袋，价格适中，质量很好，我带了几个回来让您看一下。这个农民一会儿还会弄几箱西红柿来卖，价格还算公道，我们可以进一些货。我想，这种价格的西红柿您大概会要，所以，我把那位农民带来了，他现在正在外面等着回话呢。”

总经理看了一眼旁边红了脸的庞鸣，说：“这就是宋坤获得晋升的原因。”

在职场上，被动的人只能谋生，主动的人才能成就事业。庞鸣做事太过被动，只知道听命行事，老板让他做什么，他就做什么；而宋坤却不一样，不管老板有没有交代，他都能把工作做到极致，正是这种对待工作的热忱和主动让他在一群人中脱颖而出。

只有那些能主动发挥自身的智慧和才干，把工作做得比预期还要好的员工，才能获得老板的欣赏与提拔。所以，身为员工，我们对待工作一定要积极主动，不能总是被动地等待别人告诉自己应该做什么，而是应该积极主动地去了解自己应该做什么、还能做什么、怎样才能做得更好。

董晓晓在一家报任科学编辑，在处理读者来信时，她发现有不少青年读者都普遍面临一个问题，那就是当他们在工作和生活中遇到了困难时，没有地方表达和交流。针对这个现象，她积极开动脑筋，建议报社开通一条专门针对青年人的心理热线。

很多同事认为自己的工作主要是发表新闻稿件，要花时间去做一件分外的事，实在不值得，但领导还是同意了董晓晓的建议。热线很快开通了，热线电话天天都响个不停。很多青年给报社打电话，倾诉他们的心声。

后来，报社顺应读者的要求，在报纸上开辟了一个新的版面，每周以四个整版的篇幅报道这些读者的心声。就这样，《青春热线》逐渐成了报社最受欢迎的栏目，董晓晓也因此获得了新闻界的许多奖项。

如果一个人的工作态度缺乏积极主动性，那么，他的工作方法就会呆板，思维也会僵化，或许他能按时按质地完成领导交代的任务，但除此之外，他对企业的贡献少之又少；相反，像董晓晓那样积极主动、自动自发的员工，在工作中往往很有创造力，他们做事永远会超出老板的预期，总能给老板带来各种惊喜。

在许多人看来，工作只是一种简单的雇佣关系，老板给多少钱，自己就出多少力，没必要事事尽善尽美。其实，这种想法是不行的。要知道，公司就是一个宝贵的平台，只要我们足够积极主动，我们就能在这个平台上不断成长，从而获得比别人更好的工作待遇，并成就一番骄人的事业。

## 主动认错，不做推卸责任的逃兵

有一天，梁惠王问孟子：“为什么我国的百姓没有增加？”

孟子回答说：“国君必须为此负起责任，积极采取措施实行王政，让百姓不饥不寒。如果君王对百姓漠不关心，看见狗吃人吃的东西这样奢侈的现象不去管，路边有饿殍不知道开仓救济，只是一味推托说‘这不是我的责任，而是年成不好’，这跟杀了人说‘这不是我的过错，是凶器的过错’有什么区别呢？”

从孟子的回答中，我们可以看到，一个人犯错并不可怕，可怕的是不肯主动认错，只知道推卸责任。毫无疑问，在职场上，这种人是不会被老板赏识的。

李石是一名应届毕业生，从名校毕业后，他就被一家著名外企聘任，李石感觉自己的前途一片光明。刚进公司，李石还在试用期，为了早日转正，他对工作充满了热情，不仅工作积极表现，自己的任务完成后，他还主动帮助同事，利用业余时间看书，加强自己的业务能力。这一切领导都看在眼里，正当领导考虑要将李石提前转正时，突然发生了一件事情，领导又犹豫了。

李石的岗位是产品技术开发，虽然他还没有转正，但是，在整个产品开发过程中，他也负责了其中一个小环节。最终这次产品开发以失败告终，除了李石所负责的环节上出了纰漏外，另外还有一些环节也不合格，最终导致这一项目被暂时搁置。

尽管公司对这一项目投入了很大的人力和物力，但是，项目失败后，领导并没有过分苛责，只要求参与项目的所有人认真检讨，直到再次讨论出一个成熟的方案再继续启动项目。

在总结过程中，因为李石所负责的环节并不起眼，所以，他所犯的错并没有被领导提出直接批评，这让李石以为自己的错误没有被发现。另外，他还担心这个错误会影响他的转正，让同事和领导对他的能力产生怀疑，于是，在写检讨报告时，他隐瞒了自己的失误。

两天后，领导将李石叫到了办公室，李石以为自己要被转正了，于是兴奋地跑了过去。“如果现在重启项目，你觉得你能做好自己的本职工作吗？”领导问李石。“能！”李石自信地回答。“那么，你之前做的那个环节，你觉得应该怎样做？继续原来的做法吗？”领导问。李石无言以对。

“我们允许年轻人犯错误，但是，决不允许他们回避错误，你来上班的第一天我就对你说过。你那个环节出错了，没关系，只要你承认错误，并且找到解决办法，每个人都这么做，那么，下一次这个项目就会成功。但是，如果因为你一个人隐瞒过错，那么，下一次我们还会浪费更多的人力和物力。”领导严肃地说。李石最终没有被录用，走出办公室后，他后悔不已。

当工作出现差错时，李石以为隐瞒自己的错误就能躲过领导的批评，却没想到领导早已洞识他那点不堪的伎俩，而他也因此葬送了自己的职场前途。

错误并不会因为我们不承认就自动消失，有时候反而会隐藏更大的危险，而我们一旦承认，然后改之，错误就成了前进的动力。所以，在工作中不小心犯了错误时，我们一定要主动站出来承认错误，绝不能做推卸责任的逃兵。

要知道，只有这样做，我们才能赢得别人的尊重，领导才会觉得我们是一个敢作敢当的好员工，同事才会认为我们是一个诚实可靠的工作伙伴，而我们本人才能从错误中吸取教训。

约翰和丹尼尔在一家速递公司工作，他们是工作搭档，两人工作一直都很努力。老板本来对他们很满意，然而，一件事却改变了两个人的命运。

一次，约翰和丹尼尔负责把一件大宗邮件送到码头。这个邮件很贵重，是一个古董，老板反复叮嘱他们要小心。到了码头，约翰把邮件递给丹尼尔的时候，丹尼尔却没接住，邮包掉在了地上，古董碎了。

老板对他俩进行了严厉的批评。“老板，这不是我的错，是约翰不小心弄坏的。”丹尼尔趁着约翰不注意，偷偷来到老板办公室对老板说。

老板平静地说：“谢谢你，丹尼尔，我知道了。”随后，老板把约翰叫到了办公室。约翰把事情的原委告诉了老板，最后，约翰说：“这件事情是我们的失职，我愿意承担责任。”

约翰和丹尼尔一直等待处理的结果。老板把约翰和丹尼尔叫到了办公室，对他俩说：“其实，古董的主人已经看见了你俩在递接古董时的动作，他跟我说了他看见的事实。还有，我也看到了问题出现后你们两个人的反应。我决定，约翰留下继续工作，用你赚取的钱来偿还客户。丹尼尔，明天你不用来上班了。”

人非圣贤，孰能无过？无论是在工作还是在生活中，人们都难免会犯一些错误。关键的问题是，犯了错误后，我们如何对待它，不同的态度往往会导致完全不同的命运。丹尼尔耍小聪明，拒绝认错，推卸责任，最后自食其果，被老板解雇了；而约翰诚实做人，主动认错，承担责任，最终被老板留用了。

日本一家商贸公司的市场部经理在任职期间犯了个大错误，他没有经过上司批准，就擅自决定为一家合作伙伴生产一批手机零件。等产品生产出来准备卖给对方时，这家公司却宣布倒闭了。无疑，这位市场部经理的决策失误为公司带来了很大的损失。

但是，这位经理没有把失误推到市场的变化无常和商业伙伴的经营不稳定上面，尽管他当时想不出补救措施，但是，他没有找任何借口，而是坦诚地向总经理承认了自己的错误，并表示要努力改变自己盲目决策的习惯，尽力挽回损失。

总经理看到他在事实面前确实认识到自身的错误给企业带来了损失，不但没有批评他，反而鼓励他不要泄气。

这次，这位经理吸取教训，经过冷静而全面的市场调查，了解了对手机零件有需求的几位客户，重新寻找新的合作伙伴。一个月后，他终于将这批手机零件全部销售完毕。在以后的决策中，他也总是善于征求他人的意见，不再轻易许诺。

可以看到，故事中的这位经理在犯错之后，并没有浪费时间在内疚、自责以及找借口为自己推脱责任上面，而是主动承认错误，并且想办法改正自己的错误，这种心态和做法无疑值得我们每一位职场人士借鉴。

职场容不下推卸责任的懦夫，作为一名员工，我们必须明白，勇敢承认错误，主动承担责任，是最基本的职业素养，也是我们决胜职场的关键所在。

## 无中亦能生有，主动创造机会

马其顿国王亚历山大大帝在打了一个胜仗之后，有人问他，假如有机会，他想不想攻占第二座城市。

“什么？”亚历山大怒吼起来，“机会！机会是我自己制造的！”

生活中，很多人都会说机会可遇而不可求，但亚历山大却并不这么认为，他相信人的主动性，相信机会是可以被创造出来的。

是的，在通往成功的道路上，等待机会往往一无所有，创造机会通常能拥有一切。所以，与其等待机会的到来，还不如主动出击，创造机会。

一名刚毕业的女大学生到一家公司应聘会计工作，面试时她就遭到了拒绝。因为她刚毕业，而公司需要的是工作经验丰富的资深会计人员。女大学生没有气馁，一再坚持，她对主考官说：“请再给我一次机会，让我参加完笔试。”主考官拗不过她，答应了她的请求。结果，她通过了笔试，由人事部经理亲自复试。

人事部经理对这名女大学生颇有好感，因为她的笔试成绩最好，不过，女孩说自己没有工作经验。而公司需要一名经验丰富的会计，人事部经理也决定放弃："今天就到这里，有消息我会电话通知你的。"

女孩从座位上站起来，向经理点点头，从包里拿出一块钱，双手递给经理："不管是否录取，请您给我打电话。"经理呆了一下，问："你怎么知道我不给没被录用的人打电话？""您刚才说有消息就打，言下之意就是没被录取就不打了……"

经理对这名女大学生产生了浓厚的兴趣，问："如果你没被录用，你想知道什么呢？""请您告诉我，我什么地方没有达到你们的要求，这样我好改正自己的问题。""那这一块钱？"女孩微笑着说："给没有被录用的人打电话不属于公司的正常开支，所以由我付电话费，请您一定打。"经理也微笑着说："请你收回这一块钱，我现在就通知你，你被录用了。"

在这个世界上，向来是失败者错过机会，保守者等待机会，成功者创造机会。故事中的女孩无疑属于后者，她主动出击，用一元钱给自己创造机会，不屈不挠地为自己争取，不失时机地展现自己，毫无畏惧地推销自己，最终她得偿所愿。

有位哲人说过："你不要以为机会像一个到你家里来的客人，他在你门前敲门，然后等待你开门，恰恰相反，机会总是稍纵即逝，假如你不努力地去发现它，你也许永远遇不着它。"

主动寻求机会，甚至主动创造机会，这才是很多人成功的秘诀。在日常的生活和工作中，我们每天都能看到各种各样的现象，但有的人看过就看过了，觉得稀松平常，而有的人看过之后，就会有所发现，进而有所思考，有所创造。

“二战”前后，日本面临严重的食品不足情况，就在这一时期，安藤开始深信“有了充足的食物，世界才会和平”，他决定投身到食品行业。

有一天早上，安藤路过一个拉面摊。时间虽然还早，但是，这个摊前却已经排起了长队，人们在寒风中眼巴巴地等待着拉面出锅。站在拉面摊面前，安藤心想，要是有一种面，只用开水冲一下就能吃，估计大家都会喜欢。想归想，安藤当时并没有立刻去研制方便面。

1948年，安藤创立中交总社食品公司，开始从事营养食品的研究。他利用高温、高压将炖熟的牛、鸡骨头中的浓汁抽出，制成了一种营养补剂。产品刚上市，就深得日本人的喜爱，安藤也因此成为日本食品界的知名人士。营养补剂的生产，为日后方便面调料的研制奠定了基础。

天有不测风云，20世纪50年代，一场变故使得安藤几乎赔光了所有的财产，他不得不从零开始创业。这时，生产方便面的想法再一次从他的大脑中闪现，从此，他开始了与方便面几十年的不解之缘。

1958年春天，安藤在大阪自家住宅的后院建了一个不足10平方米的简陋小屋当作方便面研究室。他找来一台旧的制面机，买了一个直径1米的炒锅以及面粉、食用油等原料，一头扎进木屋，起早贪黑地开始了制作方便面的种种实验。

面条看似做法简单，实际上原料配合却非常微妙，偏巧安藤又是一个十足的外行，这就给他的实验平添了不少的困难。他把自己能想到的东西全部都拿到制面机上试验，结果做出来的面有的松松垮垮，有的粘成一团。他就做了扔，扔了又做，一次次不厌其烦地重复着。

有一次在饭桌上，夫人做了一道可口的油炸菜，他猛然间从中领悟了做方便面的一个诀窍：油炸。面是用水调和的，而在油炸过程中，水分会散发，所以，油炸面的表层会有无数的洞眼，加入开水后，就像海绵吸水一样，面能够很快变软。如此一来，将面条浸在汤汁中，使之入味，然后油炸使之干燥，就制出了又能保存又可开水冲泡的面了。

时至今日，方便面早已走进千家万户。由于被誉为“方便面之父”的安藤对食品业贡献良多，他于1981年获得美国洛杉矶市颁发的荣誉市民奖；巴西和泰国也分别于1983年和2001年表彰了他的贡献。在日本国内，政府更是于1999年在大阪成立“即食拉面博物馆”。

安藤的故事启发我们：无中亦能生有，主动创造机会就能收获成功。生活中有很多看似很不起眼的事情，只要我们独具慧眼，看到它的潜在价值，并立即展开行动，那便能将其转变为一次宝贵的机会。所以，不要再等待机会降临到自己的身上了，主动去寻求、创造机会吧！当你积极主动起来，全世界都会给你让路！

## 不为失败找借口，只为成功找方法

问题和方法是一对孪生兄弟，任何问题都有相应的解决方法。当我们在工作中遇到问题时，平庸的人只会给自己的失败寻找各种借口，而优秀的人只会为自己的成功主动寻求方法。

所以，可以毫不夸张地说，在这个世界上，没有解决不了的问题，只有不够积极主动的人。一个人要想拥有辉煌的人生，就得在面临棘手的问题时，不逃避，不退缩，积极主动地开动脑筋，想方设法地去解决难题。

临近年关，出版社发行部又开始为回款问题而忙碌。在发行员老张负责的区域里，有一家民营书店经营不善，有倒闭的迹象。老张对这家书店采取断货措施已经有半年多的时间了，其间，他一直不停地追款，几经艰难地围追堵截，书店老板终于给他开出了一张10万元的现金支票。

老张高高兴兴地拿着支票到银行取钱，结果却被告知，账上只有99960元。老张连忙打书店老板的手机，老板不接。发信息，也不见回复。看来中了书店老板的招了，账上的钱不够支付支票的金额，老张便不能将支票兑现。

第二天就要放春节假了，老张如果再不及时拿到钱，来年的问题就更难预料了。要是书店真的关门了，要回货款就更难了，怎么办？

老张坐在银行里仔细想了一会儿，然后打了一个电话给发行部经理，先汇报了事情的经过，然后要求经理想办法找个名目汇款50元到书店开出支票的账号上，凑齐10万元。很快，经理就将事情办妥。老张手里10万元的现金支票终于兑现了。

遇到问题就逃避的人，如同鸵鸟将头埋在沙子中一样愚蠢。老张这个精彩的讨账故事，告诉我们一个道理：方法总比问题多。在问题面前，我们不要总是想找借口，而是要积极主动地想办法。

俗话说得好，只要思想不滑坡，办法总比问题多。在工作中，我们要积极主动一点。问题并不可怕，工作的过程就是不断地解决一连串问题的过程，在这个过程中，积极主动的人会将问题踩在脚下，逐渐提高自己的能力，最终成就辉煌的人生。

当诺贝尔研究出威力巨大的硝化甘油新型火药时，有人认为他是在为战争贩子提供杀人利器。因此，他的工厂门前经常有人举着牌子进行抗议。更麻烦的事情是当时落后的生产工艺。在火药生产过程中，诺贝尔工厂发生过多次爆炸事件，一些人死于非命，其中包括诺贝尔的弟弟。诺贝尔本人也负伤累累。市民们不能容忍一座危险的火药桶安放在他们中间，纷纷向市政府请愿，要求关闭诺贝尔工厂。市政府顺从民意，强令诺贝尔工厂迁出城外。

无奈之下，诺贝尔决定将工厂整体搬迁。但是，搬到哪儿去呢？这座城市陆地面积很小，周围是大片水域，任何一个居民也不会接受家的附近有一座随时会爆炸的工厂。看来只有迁往人烟稀少的偏远山区才不会有人反对，但昂贵的运输费用却使诺贝尔难以承受。以当时的技术条件，也很难保证在长途搬运过程中不会发生爆炸事故。

有人劝诺贝尔干脆别干了。世上值得一干的事业多着呢，何必一定要做这种吃亏不讨好的买卖？但诺贝尔却不是一个轻言放弃的人，无论付出多大代价，他也要将自己钟爱的事业进行到底。

他想，工厂搬迁，需要满足人烟稀少、费用节省、运输安全三个条件，而这三个条件却是相互矛盾的。经过一番思考，诺贝尔终于想到一个主意：将工厂建在城外的水面上。在那个年代，这的确是一个异想天开的构想，但却是能同时满足上述三个条件的唯一办法。

以当时的技术条件，在水面建厂的难度太大。诺贝尔的做法是：以一条大驳船做平台，将工厂比较不安全的部分生产车间、火药仓库建在上面，用长长的铁链将船系在岸上。在诺贝尔的积极努力下，问题就这样解决了。

一个善于解决问题的人，必定是一个积极主动的人，他们相信凡事必有方法去解决。事实也一再证明，那些看似难以解决的问题，只要主动寻求方法，必定有所突破。

查尔斯·克德林是美国著名的工程师和发明家，他曾在通用汽车公司实验室的墙上挂了一块牌子，上面写着："别把你的成功带给我，因为它会使我软弱；请把你的问题交给我，因为这样才能增强我。"没错，不为失败找借口、只为成功找方法的人，才能在一次又一次攻克问题的过程中变得更加强大。

## 主动一点，工作从来没有分外事

生活中，喜欢占便宜的人不少，乐意吃亏的人却不多。工作中，有的人会尽力做好分内事，有的人则会想办法偷懒，而只有积极主动的人，才会在做好分内事之余，尽可能地去做分外事。

或许，在那些“给多少钱，干多少事”的精明的人眼里，主动揽下分外事的人通通是傻子。可实际上，“傻人”向来有傻福，在职场上，这种“傻人”往往最受老板的喜欢。因为在老板看来，工作从来没有内外之分，只要是企业的一员，每位员工都应该自觉为企业着想，主动做些力所能及的分外工作。

何西平是一个企业终端科的科长，负责对销售终端布置的规范性进行指导和提供咨询。可何西平除了完成自己的本职工作外，总喜欢接手一些相关的工作。

企业培训导购员时，他是当仁不让的组织者和管理者；由于有灵活多变的谈判能力和熟知消费者的需求，他总是积极参与促销活动所需的礼品采购；他还大包大揽地承接了信息收集工作，每日为企业高层与相关职能部门整理、报送各项最新资讯……

同事都觉得何西平是“傻瓜”，竟然主动给自己增加额外负担？然而，一年后，何西平的部属已从起初的几名增加到了几十名，随着部门的扩容和职能的增多，其所在的部门由科级升为部级。这时候，还有谁会说何西平是“傻瓜”呢？

在工作中，一个人做得越多，能力越是能得到锻炼，最后收获的成就也越大，这就是何西平的故事带给我们的启发。

人们常常以为，行走职场，我们只要把老板交代给自己的分内工作做好就行了，所以，我们经常会听到这样熟悉的话：“这不是我的工作，我没必要管！”“现在是午休时间，请你两点钟再来好吗？”“我现在太忙了，实在没办法帮你。”……

然而，作为一名优秀的员工，仅仅把自家门前的雪扫干净是远远不够的，我们还需要主动去做一些分外事。也只有这样，我们才不会面临失业的危险，相反，还能给老板留下一个深刻的印象，成为老板重点培养的对象，一步一步登向事业的顶峰。

比利是一家超级市场近日才招聘进来的基层员工，他只是一个毫不起眼的包装工，工作也没有多大的前景可言，如果要辞退什么人的话，他大概就是第一个被考虑的对象。

然而，出人意料的是，不久后，比利竟然成了老板眼中最有价值的员工。他究竟是怎样做到的呢？

首先，他告诉载货部门的领导：“我没事的时候可以来这里帮忙，多了解一下你们部门工作的情况。”然后，他就花些时间在那里帮忙做些分外工作。

之后，他又跟畜产部门的经理说：“我希望有空时来这里向你学习。”一阵子之后，他又分别到烘焙、安全、管理、清洁甚至信用部门帮忙。

几个月后，比利几乎走遍了公司的整个部门，每个部门的工作他几乎都做过，一旦有某个部门的员工有事请假，部门经理第一个想到的就是让他来暂时顶替。

一年后，恰逢经济不景气，公司的经营状况也不太好，老板只好辞掉了一些员工。有些人认为比利这次肯定会被裁掉，然而，他却被老板留了下来。

又过了一段时间，公司的经营状况好转，恰好有个部门经理的位置空缺，老板又毫不犹豫地把经理的职位给了比利。

比利用他的亲身经历告诉我们，在职场上，分外活儿不是洪水猛兽，当我们主动承担分外事的同时，我们自身也在学习和进步。当老板看到我们的付出和能力，他也更愿意给我们机会，让我们拥有更广阔的发展空间。

相信很多人都听过“多一盎司定律”，著名的投资专家约翰·坦普尔顿通过大量的观察研究，最终得出一条很重要的原理：一个人只要比别人多付出一丁点，就会获得更多的成果。约翰·坦普尔顿还说：“取得中等成就的人与取得突出成就的人几乎做了同样多的工作，他们所做出的努力差别很小——只是‘一盎司’，但结果，他们所取得的成就及成就的实质内容方面，却经常有天壤之别。”

是的，主动多做的人，往往收获最多，而那些对工作量“锱铢必较”，对分外之事视而不见，能推就推、能挡就挡的人，在职场上则会渐渐失去发展空间，更有甚者，还会被老板炒鱿鱼。

柯金斯担任福特汽车公司总经理时，有一天晚上，公司因有十分紧急的事，要发通告信给所有的营业处，所以需要全体员工协助。

不料，当柯金斯安排一个做书记员的下属去帮忙套信封时，那个年轻的职员傲慢地说：“这不是我的工作，我不干！我到公司里来不是做套信封工作的。”

听了这话，柯金斯一下就愤怒了，但他仍平静地说：“既然这件事不是你分内的事，那就请你另谋高就吧！”

很显然，年轻的职员缺乏大局观，当公司处于危急时刻，需要所有员工全力协助时，每位员工都要主动做好替补上位的准备。所以，一个有智慧的员工绝不会拒绝做分外事，在他们看来，主动多做一些分外事有百利而无一害，不仅能让他们收获良好的声誉，还能帮助他们多锻炼一种技能，多熟悉一些业务，而这些都是一笔巨大的财富，将来在他们的职业发展道路上很有可能会起到至关重要的作用。

要想取得事业成功，主动多做一点是很有必要的，相信只要我们继续在工作中保持这种自动自发的精神，那将来的我们一定会感谢现在主动的自己。

拼

# 第五章　你对自己有多狠，你离辉煌就有多近

在竞争激烈的职场，不是每一个人都能生存下来的，一个人在职场的地位往往取决于自身的实力。也就是说，我们只有严格要求自己，让自己变得更加优秀，我们才能在人才济济的职场站稳脚跟，我们才能离想要的辉煌人生更近一步。

## 逼自己一把，你的强大超乎你的想象

1960年，哈佛大学的罗森塔尔博士曾在加州一所学校做过一个著名的实验。

新学期，校长对两位教师说："根据过去三四年来的教学表现，你们是本校最好的教师。为了奖励你们，今年学校特地挑选了一些最聪明的学生给你们教。记住，这些学生的智商比同龄的孩子都要高。"校长还再三叮咛，"你们要像平常一样教他们，不要让孩子或家长知道他们是被特意挑选出来的。"这两位教师听了之后非常高兴，从此更加认真努力地教学了。

一年之后，这两个班级的学生成绩是全校中最优秀的，甚至比其他班学生的分数高出好几倍。事后，校长不好意思地告诉这两位教师真相：他们所教的这些学生智商并不比别的学生高；他们两个也不是本校最好的教师，而是在教师中随机抽出来的。

这个实验就是心理学上著名的"罗森塔尔效应"，也就是所谓的"期望效应"。从这个实验中，我们可以得出一个结论，那就是人永远不知道自己有多强大。所以，如果我们平时能对自己狠一点，就能激发内在的潜能，打拼出一个属于自己的辉煌未来。

恺撒在尚未掌权之前，是一位出色的军事将领。公元前1世纪，恺撒奉命率领舰队前去征服英伦诸岛。在他检阅舰队出发前，才发现一个严重的问题。随船远征的人数少得可怜，而且武装配备也残破不堪，以这样的军力，妄想征服骁勇善战的盎格鲁撒克逊人，无异于以卵击石。

但恺撒当下还是决定启程，舰队到达目的地之后，恺撒等候所有兵丁全数下船，立即命令亲信部属一把火将所有战舰烧毁。同时，他召集全体战士训话，明确地告诉他们，战船已全部烧毁，所以，大伙儿只有两种选择：一是勉强应战，如果打不过勇猛的敌人，只得被赶入海中喂鱼；另一条路是奋勇向前，攻下该岛，则人人皆有活命的机会。

士兵们人人抱定必胜的决心，终于攻克强敌。恺撒也因为这次成功的战役声名大振，为日后掌权打下了基础。

我们每个人的身上都隐藏着巨大的潜力，如果我们缺乏破釜沉舟的勇气，总是习惯性地给自己留退路，那就没法让潜能发挥作用，我们也就无法改变平庸的人生。只有不断地给自己施加压力，将自己逼到绝路，我们的人生才能迎来转机。

不可否认，做事给自己留条后路，往往进可攻，退可守，一点儿压力都没有，但这种做法也会导致一个人失去进取心，安于现状，无所作为。所以，为了取得成功，迎来人生的新局面，我们还是要狠心斩断自己的退路，让自己集中精力奋勇向前，从而一步一步登上高峰，摘取胜利的果实。

当一个人置身于悬崖绝壁之上退无可退时，往往会生出一股不顾一切的勇气和力量，在这股勇气和力量的驱使下，他将一路披荆斩棘，飞快地奔向成功。

曾伟在20世纪80年代中期创办了一个内衣厂，正赶上发展的好时候，那几年他确实赚了不少钱。到21世纪时，他的内衣厂规模已经非常大了，但利润却逐年下降，最后几乎到了入不敷出的地步。原因是市场的竞争越来越厉害，而曾伟的内衣厂生产的内衣已经跟不上时代潮流了。

经过几天的反复琢磨，曾伟决定破釜沉舟，大干一场。他不顾妻儿的反对，取出了所有的存款，然后召开了全厂职工大会，会上，他果断地宣布停止现有内衣的生产，请设计人员重新设计新型内衣。全厂职工都可以提出自己的想法，设计被采纳的人，可获重奖。

他沉重地说："这是我们最后的机会，我拿出自己的全部存款搞设计，如果失败了，那我就是一个一无所有的穷光蛋，而你们也将失业。但如果成功了，我就会按功行赏，你们的生活也就有了保障。得失在此一举，大家一起努力吧！"

采购人员买来了市面上能找到的所有款式的内衣，设计人员不分昼夜搞设计，广大职工纷纷提出自己的看法，从样式、布料，再到裁剪，大家给设计人员提供了不少灵感，有时设计一天竟拿出二十多套设计方案。一些职工还自发地跑到街头搞调研，调查现在的女孩子究竟喜欢什么样的款式，厂里的业务员更是拼尽全力找客户。

33天后，一批新款内衣设计完成了，一些客户已经开始订货了，厂里的工人又开始加班加点地生产内衣……结果，这些内衣一上市就受到了顾客好评，客商像潮水一样涌来，曾伟的内衣厂又复活了。

当我们狠下心逼自己一把时，压力会转化成鞭策我们奋发向上的超强动力，我们就会获得更多的能量，激发出更多的潜能。一个人对自己有多狠，他离辉煌就有多近。所以，从现在开始，咬紧牙关对自己狠一点吧！离开舒适区，慢慢地给自己增压，硬着头皮逼自己去做一些以前不敢去做的事情，只有这样，我们才能收获辉煌的人生。

## 抱怨不如改变，生气不如争气

一个国际研究组织曾对25个经济发达国家进行了一项名为“你是否每天都感到快乐？”的调查，调查结果让很多人都大吃一惊，竟然有60%以上的人认为自己每天都不快乐。

为什么在经济发达的国家，人们普遍过着物质充裕的生活，却还是有那么多的人觉得自己不快乐，每天都在不停地抱怨呢？

很多人在遇到不如意的事情时，第一反应都是语出抱怨。不可否认，通过抱怨，我们确实能让自己获得短暂的心理平衡，这是一件好事。但凡事过犹不及，一个人如果总是不停地抱怨，那最后只会离成功和幸福越来越远。

安妮30岁的时候，在美国创办了一家大型的化妆品公司，有记者在采访她的时候，曾好奇地问道：“安妮小姐，请问您的成功秘诀是什么？”每一次，安妮都不会正面地回答记者提出的这个问题，只是微笑着将一个故事娓娓道来。

小时候，安妮和奶奶一起生活在乡下，两个人相依为命。年迈的奶奶拿出自己几十年省吃俭用攒下来的积蓄，在乡下的公路旁边开了一间小小的杂货店。因为奶奶为人和气，附近的邻居们都喜欢跑到杂货店里找她聊天。

每当那些爱发牢骚、喜欢抱怨的邻居来小店买东西时，奶奶总会把在一旁玩耍的安妮拉到身边，让她安安静静地听邻居们和自己的对话。为此，安妮感到非常不解，她不明白奶奶为什么每次都要让她当听众。

有一天傍晚，天气非常闷热，邻居迈克大叔来小店买香烟，奶奶笑着寒暄道："迈克兄弟，今天过得怎么样啊？"

迈克大叔双眉紧蹙，唉声叹气地说道："别提了，今天过得实在糟糕！您看看，这鬼天气真是热得要命啊，我都快热得脱掉一层皮了，真是见鬼了！"

奶奶一边忙着给他拿香烟，一边友善地回应道："是啊，今天天气确实挺热的，回去多喝点冰水吧！"

就这样你一句，我一句，在一旁听着他们对话的安妮发现，迈克大叔在离开小店之前，总共抱怨了十几分钟。

又有一次，邻居苏珊刚进店门，就愁眉苦脸地向奶奶抱怨道："我再也不想干洗碗、拖地、洗衣服这些家务活了！每天都把自己的手弄得脏兮兮的，您看看我的手，都已经快裂出口子了。"

奶奶还是一如既往，一边给她拿东西，一边随声附和着。

等苏珊发完了牢骚后离开小店，奶奶终于微笑着问安妮："孩子，你喜欢听那些人在我面前不停地说着抱怨的话吗？"

安妮摇了摇头，"他们的抱怨听起来让人感觉心情很糟糕！"

奶奶点了点头，和颜悦色地说道："孩子，你一定要明白，天气不会因为你的抱怨而变得更加凉爽，家务活也不会因为你的抱怨而消失不见。所以，以后你要是遇到什么烦心事，一定不要选择抱怨，因为抱怨并不能解决你当下的困扰。如果你对现状不满意，那就想方设法去改变它。"

遇到烦心事喜欢抱怨的人，往往都是一些不争气的人，他们既无力改变自己的现状，又狠不下心要求自己做出相应的改变，所以只能一味地跟身边的人发牢骚，传播负能量。试问，这样的人又怎么可能拥有辉煌的人生呢？

生活中，人们对那些喜欢抱怨的人总是退避三舍，因为谁也不想成为负能量的接收者。是啊，抱怨是如此不受欢迎，它不仅让我们失去了朋友和生活的勇气，更给我们的心灵蒙上了一层阴影。所以，与其浪费时间在抱怨、愤懑中碌碌无为，还不如化怨气为志气，化生气为争气，积极地做出改变。

在1991年之前，诺基亚公司并不只是生产移动通信产品，还生产电脑、电视、电线，甚至胶鞋等。到1992年，公司开始面临亏损。公司内部很多管理者相互推卸责任，甚至抱怨公司领导经营无方。但是，这种做法并没让诺基亚走出困境，反而让情况越来越糟。

此时，玛·奥利接任总裁一职。面对危机四伏的烂摊子，他并没有抱怨，也没有责怪任何人。他首先进行市场调查，与公司经营管理者进行全面沟通。很快，他发现公司经营模式太旧，已经适应不了社会的发展。他毅然舍弃旧产业，改变原来的经营模式，推出以移动电话为中心的专业化发展新战略。

玛·奥利认为，公司想要继续发展下去，必须缩小经营范围。原来的产品线太长，公司根本没能力全部把握，家用电器、电缆、造纸、轮胎等产品全面压缩到最低，有的甚至直接出售掉。当然，玛·奥利也看到了公司的长处。当时，诺基亚的电视生产业务在整个欧洲排名第二，这无疑是有竞争力的。于是，他要求公司专注电信业务，以全力扩展这一领域。

与此同时，移动电话普及是社会发展的趋势，将它作为公司的支柱产业，更有利于公司的发展。他对公司全体人员说："必须确保移动电话在整个领域可以进入世界前三。"

虽然这些工作进行得都不容易，但玛·奥利做得非常坚定。他将寻求和确立新增长点作为企业的核心，为公司打造出全新的企业文化。最终，他成功地将公司90%的资金以及技术人员转入到对移动通信器材以及多媒体技术的开发和研究中去。

在当时，这种做法是非常困难的，每做一个决定都意味着要去说服公司很多人。玛·奥利反复与大家沟通，并坚持改变现状。很快，他就让公司走出多元化时期资金力量不足、难以支撑业务开展的困境。

至1996年，诺基亚在移动通讯领域的地位全面提升，获得了生产移动通信设备所必需的全部资源及科技力量。至1998年，诺基亚一下成为当时全世界最大的移动电话生产商。

抱怨解决不了实际问题，相反，它还是意志消沉的开始。玛·奥利无疑深谙这个道理，所以，在困境面前，他没有跺脚生气，也没有满腹牢骚，而是积极寻求应对之策，想方设法突破困境，最后，他成功了，让公司转危为安，同时也帮助自己成就了一番伟大的事业，收获了辉煌的人生。

华为总裁任正非曾说："狮子如果能追上羚羊，它就生存，如果它跑不过羚羊，只能饿死。羚羊如果抱怨不公平，那青草——羚羊的'早餐'又该向谁抱怨？羚羊还能跑，青草连逃跑的机会都没有！羚羊要想活下去，只有平时加强训练，提高奔跑的速度，让自己跑得更快，即使跑不过狮子，也要比其他羚羊跑得快，只有这样，它才能生存。”

是啊，抱怨是弱者才会做的事情，强者则只会对自己“下狠手”，不断鞭策自己进步。而我们要想成为强者，离辉煌更近，就得远离抱怨。

## 不想被替代，就得具备不可替代性

最近，小庆感到特别烦躁，因为她又失业了，而这已经是她第五次失业。

小庆是一所大学英语专业的毕业生，毕业之后，她先是在一家外资公司担任部门经理助理，月薪大概2500元。后来，她又陆续换过好几份工作，职位不外乎是前台、文员、秘书和助理。生性喜欢闲散的她，在选择工作的时候，总是将眼光放在一些没有多大挑战性的文职工作上。

毕业五年，小庆几乎每年换一次工作。第五次失业后，小庆连忙打电话给朋友菲菲："我被老板炒鱿鱼了！你快来安慰安慰我！"然而，对于这个消息，朋友菲菲显得一点儿也不惊讶。

"这是好事呀！刚好给你机会反省一下自己。"菲菲笑着说道。

小庆有些不解地问道："反省什么？"

"反省你自己在公司只干一些跑跑腿、打打字的活儿是不是足够了！"菲菲一字一句地说道。听到菲菲的解释，小庆浑身一震，自己之前一直不敢面对的问题，现在竟然被菲菲一针见血地点了出来。

小庆太容易满足现状，当别人不断地在岗位上提高自己的技能时，她却每天浑浑噩噩地度日。长此以往，她的工作能力一点长进都没有，也没做出一点让老板刮目相看的成绩。

“那你觉得我该怎么办？”小庆忙向菲菲取经。

菲菲沉吟一会儿，说道：“对自己狠一点，培养自己的核心竞争力，当你成为所在领域的不可替代者时，你将不会再有这些困扰。”

诚然，人是没有高低贵贱之分，但是，我们必须承认的是，不同工作能力的人所获得的报酬还是有区别的。职场是非常现实的，人人都在用自己的实力说话，一个人的实力越强，核心竞争力越大，那他被别人替代的可能性就越低，他所能获得的报酬自然就会很可观。所以，行走职场，我们要想不被替代，就得对自己狠一点，让自己具备不可替代性。

曾阅之在一家大型教育机构工作十几年了，论年龄，他在公司应该排行老大，虽然他已快要退休了，却仍然稳坐于教育总监的位置，享受着不同于其他同事的优渥待遇。而这一切都要归功于他对工作的认真负责，正是因为他尽职尽责地去工作，他才掌握了一套独具特色、深受学生欢迎的教学方式。

大学毕业之后，曾阅之在国企工作了一段时间，可好景不长，他所在的国企面临改制，许多职员被迫下岗，曾阅之也是其中一员。下岗后，在一位朋友的推荐下，他去了一家刚刚成立不久的教育机构担任培训老师，工作轻松简单，薪资待遇也还算不错。

可是时间一长，看着一拨拨大学生、研究生进入公司，有些工作能力突出的年轻人甚至比他这位前辈还更早坐上了管理职位，曾阅之越来越觉得自己的工作没有多大前途。他非常担心，一旦自己的教学方式跟不上时代变化的脚步，公司完全可以找一个学识渊博、上课富有激情的年轻人来代替自己。到时候，只怕他难逃被裁员的命运。

曾阅之的担忧确实不无道理，随着时代的进步，人们的观念自然不同于往日，在孩子的教育方面，许多家长几乎都抱着“望子成龙，望女成凤”的想法。为了让孩子能够在最短时间内学习到更多有用的知识，传统的“老师为主，学生为辅”的教育理念显然已经过时了，取而代之的是“趣味教学法”。因此，教育机构的培训老师不得不绞尽脑汁让自己的课堂变得有趣起来。

有了这种危机感之后，曾阅之开始搜罗各类书籍，教育学、教育心理学、教学技巧外加各类专业书籍全在他的自学范围之内。在他看来，唯有把自己打造成教育行业的专家，他才能从容地面对工作中的任何问题。当他可以娴熟地驾驭课堂之时，学生和家长必定会对他信任有加，公司的领导自然也会对他予以重任。

通过自己多日的勤学苦练，曾阅之终于在实践中摸索出一套独具特色的教学方式，腹有诗书的他，现在即便不看教案，也能于谈笑间出口成章。不仅如此，面对不同学生的不同问题，他都能够因材施教，灵活地运用专业知识，给予学生有效的指导。久而久之，他所教授班级的学生在思维的活跃程度、学业成绩、学习兴趣以及学习能力等方面都比其他班的学生高出一筹。

后来，公司老板也渐渐注意到曾阅之异于常人的责任感和工作能力，没过多久便提拔他为公司的教育总监。直到现在，曾阅之的这套效果显著的教学方式还被用于培训老师。

像曾阅之那样拥有一身真本事，能给企业创造经济价值，犹如老板左膀右臂的人物，才是职场中的香饽饽，这种人不管走到哪里，都不愁找不到好工作。

有人说："在工作中，你的价值，取决于你的不可被替代性。"是的，不可替代性是我们跟老板谈判的最佳筹码。为了公司的利益和前途着想，老板会不惜一切代价挽留我们，给予我们重要职位和优渥待遇。所以，我们若想让老板对我们委以重任，从此拥有更多、更好的发展机会，就要对自己狠一点，将自己打造成一个不可替代的员工。

## 恪守工匠精神，将每一个细节做到极致

我们都听过“细节决定成败”这句话，在工作中，重视细节的人却并不多见，很多人都舍不得跟自己较劲，做起事来粗糙马虎，缺乏对细节的精雕细琢，所以，他们也很难成就一番事业。

乌鲁木齐市粮食局的一家下属挂面厂曾花巨资从日本一家厂商引进一条挂面生产线，随后又花18万元从日本购进1000卷重10吨的塑料包装袋。而塑料包装袋的图案由挂面厂请人设计。

样品设计好后，经挂面厂与经贸机械进出口公司的人员审查后，交付日方印刷。几个月后，当这批塑料袋漂洋过海运抵乌鲁木齐时，细心的人们发现有点不对劲，仔细一看，大家全傻了眼。原来，塑料袋的袋面图案上的“乌”字全都多了一点，变成了“鸟”字，乌鲁木齐变成了“鸟鲁木齐”。

后来，经过多方调查，发现原来是挂面厂的设计人员一时马虎，把设计样本打印错了，而经贸机械进出口公司的人员检查时也一时大意，没有发现这个错误。结果，这些价值18万元的塑料袋变成了一堆废品，给公司带来了严重的损失。

细节没做好，表面上是马虎所致，实际上还是因为员工放松了

对自己的要求，没有在细节上下功夫。所以，要想把工作做好，取得事业成功，我们就必须对自己狠一点，严格要求自己，追求细节的完美。

彭黎越是一家建筑单位的安全监督员。5年前，他与同乡一起进城打工，在工地上干体力活儿。由于态度诚恳、工作踏实，很快，彭黎越就被工地领导提拔为安全监督员。

刚当安全员的那会儿，许多工友都羡慕他，说他运气不错，调到一个工作轻松的岗位。但是，没过一个月，大伙儿就不这么认为了。他们发现，彭黎越现在的这份工作责任重大，事事都要操心，并不比在工地上干活轻松多少。

彭黎越虽然学历不高，可他在上岗培训期间，只花了一天半的时间就把安全岗位责任制度背得滚瓜烂熟。在实际的工作中，彭黎越不但按制度要求做好自己的每项工作，还结合自己几年来在工地现场工作的实际经验，总结工地事故隐患防控重点及措施。

彭黎越深知，安全隐患之于企业生产就是一个不定时炸弹，如果不赶紧行动起来，积极主动地排查安全隐患，那事故的发生肯定在所难免。就这样，每当他看到有人违反安全制度，就会立马指出来；哪位同事要是没戴安全帽等防护用具，他绝对不允许其进入工地现场；哪位同事要去高空作业，他也要亲自去查看他的安全绳有没有系结实……

在当安全员的两年时间里，彭黎越在工地现场走过的路都快赶上“万里长征”了，当然，他排查到的安全隐患也不计其数。这两年来，彭黎越监管的工地没有发生过任何意外情况，为此，公司领导在员工集体大会上对他进行了表彰，并授予他“优秀员工”的称号。

在会上，公司领导请彭黎越发言，朴实的彭黎越说了这样一段话："虽然我的工作很辛苦，责任也大，但是，我愿意为同事们的安全而努力。"

不难发现，彭黎越是一个工作非常用心、特别注意细节的员工，他从始至终都没有放松过警惕，一直积极排查隐藏在各个角落里的安全隐患。当然，他的努力也没有白费，在他所监管的工地上，所有的安全隐患被消除得一干二净。

众所周知，不论什么工作，实际上都是由一些细节组成的。所以，能够运用匠心把细节做好的人，往往才是真正的能工巧匠，同时也最容易取得事业成功。

20世纪世界最伟大的建筑师之一密斯·凡·德罗曾说："成功在细节。"他反复地强调，如果一个人对细节的把握不到位，那无论他的建筑设计方案如何恢宏大气，都不能称之为成功的作品。天下大事，必作于细，对于工作中的每一个细节，我们都要努力将它做到极致，只有这样，我们才能收获成功，赢得辉煌的人生！

## 不断学习，你才能在竞争中保持优势

学习没有止境。在生活和工作中，一个善于学习的人，就像怀揣着一块巨大无比的海绵，到处吸收营养。在今天这个知识更新换代速度奇快的时代，如果我们不学习，那用不了多久，我们现有的知识、技能与经验就会完全跟不上时代。唯有终身学习的人，才能拥有长远的竞争力。因此，一个渴望成功的人，一定要督促自己不断学习。

青年时，李嘉诚坚持学习；创业期间，他也坚持学习；经营自己的“商业王国”期间，他仍孜孜不倦地学习。就连晚上睡觉前的那段时间，李嘉诚都会雷打不动地学习。他喜欢看人物传记类的书籍，不管在医疗、政治、教育、福利哪一方面，只要对全人类有所帮助的人，他都很佩服，都心存景仰。

尽管一天工作十多个小时，李嘉诚仍然坚持学习英语。早年，他专门聘请一位私人教师每天早晨7点30分来给他上课，上完课后，他再去上班。早在办塑料厂时，他就订阅了英文塑料杂志，既学英文，又了解世界最新的塑料行业动态。因为熟悉英文，李嘉诚可以直接飞往欧美国家，去参加各种展销会，可直接与外籍投资顾问、银行的高层打交道。

现实生活中，有许多人一旦离开学校，就不再继续学习了。其实，我们应该终身学习，并不因为离开学校而停止学习。就拿李嘉诚来说，他从来没有停止学习的脚步，正是因为不断学习，才使他的思想永远跟得上时代的步伐，才使他的事业日新月异。

学习滋养心灵，知识改变未来。我们每个人都应该活到老，学到老。不管什么时候，我们都不能松懈下来，而是要对自己狠一点，持续地保持学习的状态。只有这样，我们才能不断地为自己"充电"，才能真正地把自己武装起来。

莉莉安和菲奥娜同时被一家公司录用为程序员，莉莉安毕业于一所著名大学的电子系，她才华横溢，设计的程序简洁明了，而且几乎没有什么漏洞。而菲奥娜却是自学成才的，她甚至连大学文凭都没有，于是，有人传言说，菲奥娜之所以能够被公司录取，完全是因为她在公司有后台。为此，莉莉安总是瞧不起菲奥娜。平常的工作对莉莉安来说很轻松，所以，她花费了大量的时间在交际、购物上，而菲奥娜即便每天起早贪黑，也只能勉强完成工作任务。

然而，让所有人大跌眼镜的是，半年以后，菲奥娜却被提升为设计部的主管。对此，莉莉安愤愤不平："只要有后台就可以晋升，完全不考虑工作能力，这样的公司有什么前途！"

面对莉莉安的不满，主管给她拿来了一份菲奥娜设计的程序，莉莉安看后大吃一惊，菲奥娜设计的程序和原来的相比竟然有了脱胎换骨的变化，简直可以用完美无缺来形容。

原来，在莉莉安得意于自己才能的同时，菲奥娜却在不断地努力学习，所以，菲奥娜设计出来的程序已经比莉莉安设计的程序优秀得多！

两年后，菲奥娜已经成了部门的高级主管、高级程序设计师，而莉莉安依然是一个普通的程序员。

在职场上，一个不断学习的人，不管他的起点有多低，他都能一步一步往上攀爬；而一个停止学习的人，不管他的起点有多高，他都不可能做出一番骄人的事业。

其实，学习有很多途径，我们除了自学，还可以向身边的人取经。毕竟，三人行，必有我师焉，每个人的身上都有值得我们学习的地方，只要我们保持谦逊的姿态，愿意向周围的能者请教，那就一定能有所收获。

曹铭是一家酒品饮料公司的销售员。三年前，他从一所籍籍无名的大学毕业后就来到了这家公司，现在，他已经成为部门的销售经理，年收入达30多万。

曹铭之所以能够取得这样的成就，要归功于他一直向能力更强的人取经。刚走上销售岗位时，曹铭对自己的职业几乎一无所知。这也不怪他，他大学所学的专业跟销售毫无关系，除了嘴皮子还算利索之外，曹铭在销售工作上几乎没有什么优势了。

但是，曹铭懂得向能力更强的人学习。从进入公司的第一天起，他就开始留心学习。最初，他向身边业绩比他好的同事取经，主动要求跟随同事一起跑客户，帮助对方打下手，并且也不跟同事计较利益。三个月下来，曹铭的工作能力就得到了大幅度提升。

接着，曹铭又向公司里最优秀的业务员取经，他每天下班都会主动与对方进行交流，学习别人宝贵的经验。他将这些经验一一用在自己的工作当中，很快就收获了不错的成绩。

不到两年的时间，曹铭就已经接近销售经理的宝座了，此时的曹铭明白，销售经理不比销售，有许多新的问题在等待着他。于是，曹铭就主动跟老板提出，先做半年的经理助理，工资待遇可以下调。老板见曹铭这么诚恳，也就答应了他的请求。

做助理的这半年里，曹铭又学了许多管理经验。总经理看他这么努力、认真、好学，平时也经常鼓励他、帮助他。半年的历练之后，曹铭凭借着自己的能力如愿以偿地当上了部门的销售经理。

可以看到，在实际的工作中，只要我们愿意学习，身边的人都能成为我们的老师，我们随时能从他们身上学到东西，从而让自己变得更优秀。

在这世间，没有天生就什么都会的人，能在事业上有所建树的人，都是敢于跟自己较劲、永不停止学习的人。学习给人带来的变化是巨大的，通过学习，我们能在竞争中保持优势，并有机会创造辉煌的人生。

## 你的人生没有尽力而为，只有全力以赴

常常会有人说“我已经尽力了”，借以表示自己在工作上已经使出了所有的力气。但实际上，这些人还是有所保留的，他们并没有在工作上全力以赴。全力以赴去工作的人，往往会把全身的力量都集中到一起，就像一把锋利的匕首一样，能刺破前方任何的困难和阻挠，最后圆满地完成任务。

程喆是一家销售公司的普通员工，有一次，他遇到了一个难缠的客户，在会谈前期，这位客户本已和他对买进产品的数量、价格等都达成了共识，然而，正准备签合同时，对方临时改变了主意。

当时，程喆感觉十分尴尬，这要是换成其他人，八成会选择放弃这单生意，但程喆却想到，如果能谈成这笔业务，那不仅自己会从公司拿到一笔数额不小的提成，而且还能让公司的发展迈上一个新的台阶。于是，程喆不允许自己放弃，他把自己所有的精力和时间都用上了，此次背水一战，只能赢不能输！

他一次次地和那位客户面谈，阐述了其中的利弊。终于，在他的努力下，这位拿不定主意的客户在订单上签了字。

俗话说，世上无难事，只怕有心人。一个人在什么地方花费全

部的时间和精力，那他就会在什么地方真正有所收获。所以，要想在事业上做出一番成就，我们就应该全力以赴地去工作，而不只是尽力而为。

“尽力而为”这四个字，含有太多被动的成分，仿佛没有外力逼迫，一个人就不会去努力工作，而“全力以赴”却充满着强烈的感情色彩，给人一种满腔热血、全力投入、积极进取的感觉。一个对待工作全力以赴的人，通常有着必胜的决心，他们会尽善尽美地做好每一件事，力求取得最后的成功。

有一个年轻人早年因家贫读不起书，只好去做买卖。当年，16岁的他从老家来到嘉义开一家米店。那时，小小的嘉义已有近30家米店，竞争十分激烈。身上仅有200元资金的年轻人，只能在一条偏僻的巷子里承租一个很小的铺面。他的米店开办最晚，规模最小，更谈不上知名度了，没有任何优势。在新开张的那段日子里，米店的生意冷冷清清。

刚开始，这个年轻人背着米挨家挨户去推销，一天下来，人不仅累得够呛，效果也不太好。谁会去买一个小商贩上门推销的米呢？怎样才能打开销路呢？年轻人决定从每一粒米上打开突破口。

那时候，由于稻谷收割与加工的技术落后，很多小石子之类的杂物很容易掺杂在米里。人们在做饭之前，都要淘好几次米，很不方便。但大家都已见怪不怪，习以为常。

知道了这点，年轻人却从这司空见惯中找到了切入点。他和两个弟弟一齐动手，一点一点地将夹杂在米里的秕糠、砂石之类的杂物拣出来，然后再卖。一时间，小镇上的主妇们都说，这个年轻人卖的米质量好，省去了淘米的麻烦。这样，一传十，十传百，米店的生意日渐红火起来。

但年轻人并没有就此满足，他还要在米上下大功夫。那时候，顾客都是上门买米，自己运送回家。这对一些身强力壮的年轻人来说不算什么，但对一些上了年纪的人，就很不方便了。年轻人又无暇顾及家务，买米的顾客以老年人居多。于是，年轻人就主动为顾客送米上门，这一方便顾客的服务措施同样大受欢迎。当时还没有“送货上门”一说，增加这一服务项目等于是一项创举。

年轻人送米，并非送到顾客家门口了事，他还要将米倒进米缸里。如果米缸里还有陈米，他就将旧米倒出来，把米缸擦干净，再把新米倒进去，然后将旧米放回上层，这样，陈米就不至于因存放过久而变质。他周到的服务令顾客深受感动，因此，他赢得了很多的顾客。

如果给新顾客送米，年轻人就细心记下这户人家米缸的容量，并且问明家里有多少人吃饭、每人饭量如何，据此估计该户人家下次买米的大概时间。到时候，不等顾客上门，他就主动将相应数量的米送到客户家里。

时间长了，嘉义人都知道在米市马路尽头的巷子里，有一个卖好米并送货上门的年轻人。有了知名度后，年轻人的生意更加红火起来。这样，经过一年多的资金积累和客户积累，他便自己办了个碾米厂，在最繁华热闹的临街处租了一处比原来大好几倍的房子，临街做铺面，里间做碾米厂。

就这样，这个年轻人从小小的米店生意开始了他后来问鼎台湾首富的事业，他就是台湾首富王永庆。

每个人都会有自己最初的梦想，扪心自问：我为自己的梦想付出了多少？如果你的答案不是“全部”，那也就难怪你还没有实现自己的梦想。如果你肯为自己的梦想付出全部的努力，那么，梦想成真就不会只是一个愿景。

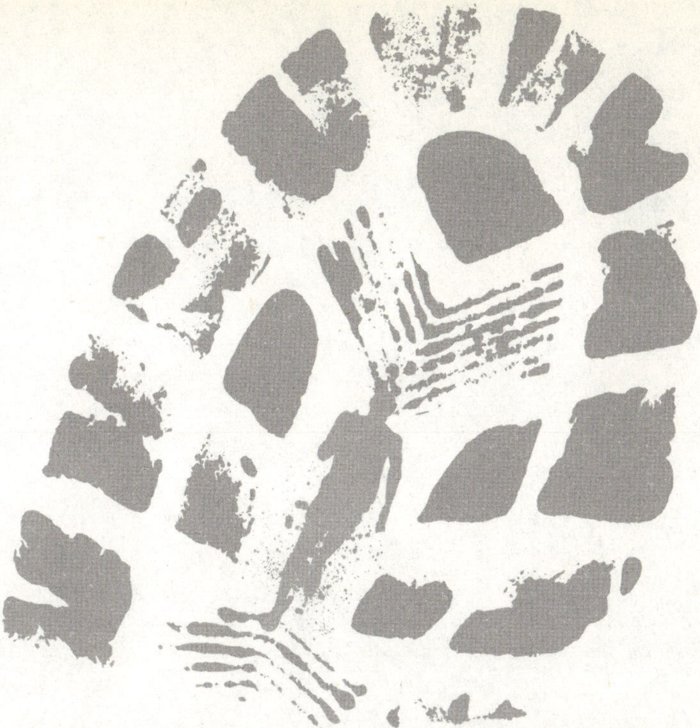

## 第六章　罗马不是一天建成的，成功需要循序渐进

俗话说：“一口吃不成胖子，一步跨不到天边。”但凡想一蹴而就的人，都会被残酷的现实狠狠打脸。所以，我们要努力克服内心的浮躁情绪，学会沉淀自己，安心做好手头的工作，等时机一到，我们自然会一鸣惊人，最后与成功紧紧相拥。

## 做好简单的小事，才能做成大事

达·芬奇小时候曾经向艺术家弗罗基俄求教，弗罗基俄看到达·芬奇聪明好学，就答应收他为徒。但是，刚开始时，弗罗基俄每天都让达·芬奇练习画鸡蛋。

达·芬奇练习一段时间后，就厌烦了，他对老师说，自己是来学习美术的，而不是来每天画鸡蛋的。

弗罗基俄听后，非常生气地说："鸡蛋虽然是最好画的东西，但是，要真正画好鸡蛋却并不容易。因为天下没有一样的鸡蛋，而且角度和光线的不同，画出来的效果也不尽相同。只有把鸡蛋画好了，功夫才算到家。"

达·芬奇听后，恍然大悟，于是，他专心画鸡蛋，技艺很快得到提高。后来，老师对他说："你的画工已经到了一个很高的层次了，将来一定会成为了不起的画家。"

现如今，很多年轻人满腔抱负，渴望做出一番大事业。其实，有这种理想和抱负是一件好事，可错就错在，有些人在做大事之前，对小事不屑一顾。他们觉得小事太简单，含金量不高，不足以体现自己的能力，即便做成了小事，自己也没有多大的成就感可言。

但达·芬奇的故事却告诉我们，做好简单的小事是做成大事的前提。所以，一个人如果好高骛远，以为可以不经过程而直奔终点，那他将一事无成。

俗话说得好，一屋不扫，何以扫天下？工作也是同样的道理，只有耐心做好每一件简单的小事，我们才能打好基础，日后才有能力、有机会去做大事。

被评为湖南省十大杰出青年农民的刘九生是靠做木梳起家的。刘九生高中毕业时，父亲因不慎失足而摔成了残疾，为了照顾家庭，他放弃了高考，回到家里，整日过着“面朝黄土背朝天”的生活。

年轻气盛的刘九生梦想着有朝一日能够发家致富，创一番大事业。为此，刘九生曾做过多种生意，但总不能成功。刘九生的父亲有一手做木梳的手艺，可刘九生认为一个大男人做小木梳没有出息，不愿意学。

有一天，刘九生正坐在墙角叹气时，父亲走过来，心平气和地对他说：“孩子，是我对不起你，耽误了你考大学。但三百六十行，行行出状元。如果你能把木梳做好，也可以做一番事业啊，你如果愿意学，我明天就教你。”

第二天，刘九生就跟父亲学起了做木梳。他专心致志地学，几天就学会了做木梳的手艺。但是，刘九生每天只能做几把木梳，他们家住的地方比较偏僻，刘九生把做好的木梳拿到集市上去卖，也卖不了多少钱，慢慢地，刘九生有点灰心了。

有一天，刘九生到城里办事，他突然发现城里的木梳比家乡集市上的木梳要贵几毛钱，于是，他便挨家挨户去收购木梳，做起了木梳的批发生意。他很快就赚了五六万元钱，看到村里人做木梳用的是传统的方法，生产速度慢，有时货源还短缺，他萌生了办一个木梳厂的想法。

木梳厂建起来了，他又四处寻找销路。1993年12月的一天，刘九生突然接到衡阳市一家公司老总打来的电话，对方想订一些货，但他不知木梳的质量好坏。刘九生放下电话，一看手表，已经下午三点多钟了，今天还来得及把梳子送到那家公司……当刘九生走进这家公司时，正好碰上这家公司的员工下班，他的心猛地一沉，老板可能早就下班了！

正当他有点灰心丧气时，忽然发现一个夹着公文包的人从公司走了出来，他走上前去问道："请问经理的办公室在哪里？"没想到那个人就是公司经理老总。他看到刘九生如此勤勉，十分感动，他紧紧握住刘九生的手说："小伙子，你的精神感动了我，我相信你的梳子质量也是最好的。"这一笔生意给刘九生带来了两万元的利润。

就这样，刘九生从简单的小事做起，走上了事业成功的道路。后来，刘九生的公司一跃成为全国最大的木梳生产企业之一，产品远销东南亚各国，公司总资产已达到三千万元。

从刘九生的经历中，我们能深刻地体会到"不积跬步，无以至千里，不积小流，无以成江海"这句话的含义。没错，罗马不是一天就能建成的，成功是一个循序渐进的过程，所以，要想做成大事，我们必须先沉下心来，把简单的小事做好。

不愿意从小事做起的人，即便怀揣着最大的梦想，也不过是在建造虚幻的空中楼阁。如果我们想要一个辉煌的人生，那就不能这样好高骛远，而是要踏实做好眼前的小事，如此日积月累，大事自然也就做成了。

## 安心本职岗位，切忌频繁跳槽

人在职场，难免会有不如意的时候，此时，人们就会意志消沉，很多人自然而然就会动起一个念头——跳槽。通过跳槽，有人发挥了所长，事业更上了一层楼；有人跳槽后，却发现还不如以前。

众所周知，任何职业都需要一定量的积淀才能有一个质的飞跃，如果没有几年时间的积累，我们是很难对一份工作有深入的理解和把握的。所以，在职场上，仅仅因为工作中有些不如意就频繁跳槽的行为是十分不可取的，我们只有多一点耐性，安心立足本职岗位，踏实做好自己的工作，才能一步一步接近成功。

官飞大学毕业之后先后做过好几份工作，让他感到郁闷的是，每份工作的薪水都不是很高，工作强度还特别大。所以，他慢慢变得很浮躁，总是不能安心做事，老想着换一个既轻松待遇又好的工作。

就这样，在短短的半年时间里，他总共换了三四份工作，而这一次，他在一家电脑公司做了库管。与其说是库房管理员，还不如说是搬运工，每天都要不停地搬卸货物。

没做多久，官飞又累得实在是坚持不下去了。主管看他要辞职，就对他说：“小官，我看你是个聪明能干的人，你在这儿做不下去，不是因为你的能力不够，而是你不明白一个道理。”

“主管，究竟是什么道理呀？”官飞虚心地求教道。

主管说：“职场的每个人就好比是站在金字塔里，按照能力由低到高的顺序，分别站在由低到高的不同层里。在最底层的是人力，第二层是人手，第三层是人才，在塔尖的是人物。在工作中，卖力气就是人力，熟悉掌握工作、能应付突发事件是人手，在工作中提出创造性的方案的是人才，能管理公司的是人物。你看看你在职场第几层，每个公司就是一座金字塔，你如果只是不停地在各个金字塔之间穿梭，而不去提高自己的本领，那你永远都只能在金字塔的最下面一层。”

听了主管的话，官飞若有所悟，他放弃了辞职的念头，继续回到了自己的工作岗位，踏实、认真、用心地工作着。跟以前相比，他整个人焕然一新，每天搬卸完货物之后，他会走进库房清点产品，并且把出货的型号、数量都牢牢记在心里。因为对库房的产品非常熟悉，节省了客户取货时间，客户对官飞的办事效率赞不绝口。

因为工作出色，公司让官飞专门负责管理公司产品的保管和运输，官飞比以前更加努力地工作了。官飞发现，公司后期保修经常人力不足，于是，他就开始利用工作之余学习电脑修理知识。

很快，官飞能利用休息时间帮着保修部门的同事修理电脑。时间一长，官飞练就了过硬的维修电脑的本领。半年过去了，官飞工作很顺利。一天，官飞偶然间听到笔记本电脑在学生中很受欢迎，他便向经理建议挖掘这个潜在市场。

在随后的日子里，官飞开始卖手提电脑，并把市场越做越大，在短短一年的时间里，他居然就成了公司的销售明星。后来，经理被任命为集团的副总，官飞成了公司的副经理。

不难想象，如果官飞总是频繁地换工作，那到头来肯定一事无成。

在现实生活中，没有一份工作是100%能让我们满意的，如果我们欠缺耐心，总是因为一点点不如意就频繁地跳槽，那只会影响我们的职业前途。

刘琳今年27岁，从上一份工作离职后，她就一直忙着投简历。很快就有一家公司通知她过去面试，面试的岗位是行政文员。

当时，公司的人事主管仔细看了一下刘琳的简历，不看还好，一看吓一跳。原来，刘琳的工作经历一栏里密密麻麻地写了好几行字，人事主管仔细数了一下，目前为止，刘琳一共做了6份工作！

这个数字代表了什么？答案是不言而喻的。刘琳自毕业之后，平均不到一年的时间就换一份工作。当人事主管吃惊地问道："你之前做过6份工作是吗？"时，刘琳的神色还颇为得意，她自信满满地回道："是的，我做的这6份工作全都是行政文员，我工作经验丰富，所以，您完全不用担心我的工作能力！"

听了她的回答，人事主管有点哭笑不得。可是，怎么能不担心呢？没有任何一家公司喜欢稳定性不强的员工，刘琳频繁跳槽的经历非但没有让她博得一个"工作经验丰富"的美称，反而让人事主管担心她的稳定性，甚至质疑起她的工作能力。

在重重顾虑之下，人事主管最终还是没有将公司行政文员的职位交到刘琳的手上。无奈之下，刘琳只得继续这漫长无尽头的求职之路。

跳槽有风险，跳前需谨慎，尤其当我们不确定是否有更好的工作机会在等待自己时，我们更不应该轻易选择跳槽。

多一点耐心吧！罗马不是一天就能建成的，与其总想着跳槽，还不如安心本职岗位，多花点心思把工作做好，从而不断提高自己的本领，积攒更多宝贵的经验。

## 欲速则不达，做事不能急于求成

古时候，有个人希望自家田里的禾苗长得快点，他天天到田边去看。可是，一天、两天、三天，禾苗好像一点儿也没有长高。他就在田边焦急地转来转去，自言自语地说：“我得想个办法帮他们长。”

一天，他终于想到了办法。他跑到田里，把禾苗一棵一棵往上拔，从中午一直忙到太阳落山，弄得筋疲力尽。他回到家里，一边喘气一边对儿子说：“可把我累坏了，力气没白费，禾苗都长了一大截。”他的儿子不明白是怎么回事，跑到田里一看，发现禾苗都枯死了。

这是一个大家都耳熟能详的故事，成语“揠苗助长”就来源于此，它告诉我们：不管做什么事情，都要遵循事物的发展规律，如果强求速成，反而会把事情弄糟。

正所谓，欲速则不达。工作更是如此，我们要想把一件事情做好，就得循序渐进，一步一个脚印，绝不能急于求成。

童博大学毕业后进入一家广告公司从事策划工作。当时他的月薪只有两千多，但童博觉得自己想从事广告这一行，所以，即使公司现在给他的薪水不高，但是他相信，只要自己能够做出一番业绩，工资自然会涨上来。

抱着“做出一番业绩”的想法，童博开始了自己广告策划的工作。公司的一些老前辈告诉童博，想做出好的广告策划，前期的市场调查工作必不可少。但童博却认为，只要把广告做好，不怕别人不看。而这市场调查工作十分烦琐，会浪费大量的时间。于是，童博就放弃了这个环节，直接进入了产品定位和广告策略制定环节。

结果可想而知，这份缺乏目标受众的广告策划没有通过。后来，童博又做了几份策划，但总会出现这样或者那样的问题。屡屡遭受失败的他每失败一次，心态上就更急躁一点。最后的结果是，他进入到那家公司近半年，都没有做出一份像样的策划出来，公司认为他在这方面没有潜质，也就找了个理由将他辞退了。

在当今职场上，很多人都有童博的这种心态，做事总想一步登天。所以，企业在评价这类员工时，通常都会用上两个字——“浮躁”。浮躁的人是做不好事情的，他们越是急于证明自己的能力，越是想要收获上司的认可，到最后越是会期望落空。

古人有云：“墉基不可仓卒而成，威名不可一朝而立。”这句话的意思是，城墙的基础不能匆匆忙忙筑成，人的威名不可能一天就建立起来。是的，操之过急往往会适得其反。所以，做任何事情都要有耐心，这就跟小孩学走路是同一个道理，小孩子如果不先学“扶墙走”，又怎么可能有以后的疾步快走呢？

西华·莱德先生是著名的作家兼战地记者，他曾在1957年4月的《读者文摘》上撰文表示，他所收到的最好的忠告是“继续走完下一里路”。

在第二次世界大战期间，西华·莱德跟几个人不得不从一架破损的运输机上跳伞逃生，结果迫降到缅甸、印度交界处的树林里。如果要等救援队前来援救，至少要好几个星期，那时可能就来不及了，他们只好自己设法逃生。当时，他们唯一能做的就是拖着沉重的步伐往印度走，全程长达140里，必须在8月的酷热和季风所带来的暴雨的双重侵袭下，翻山越岭，长途跋涉。

才走了一个小时，西华·莱德的双脚都起泡出血了，看着满布伤痕的双脚，他开始怀疑自己是否能一瘸一拐地走完140里，他真的觉得自己快完蛋了，但却别无选择，只能硬着头皮继续往前走。

幸运的是，他们最后逃生成功。这件事给西华·莱德很大的触动，他终于明白，不管做什么事情，都要脚踏实地，只要继续走完下一里路，就会取得成功。

后来，西华·莱德推掉原有工作，开始专心写一本15万字的书。面对这项艰巨的任务，他总想一蹴而就，可越是图快，他越是定不下心去写。就在这时，他突然想到之前的那段逃生经历，于是，他沉下心来，一段一段地写，在写的过程中，他只去想下一个段落怎么写，从不去想下一页怎么写，更不会去想下一章怎么写。半年后，出乎他意料的是，他居然完成了这本书。

从这个故事中，我们可以看到：沉下心来、脚踏实地、按部就班地做下去，是把一件事情做成、做好的唯一方法，也是我们取得事业成功的必要前提。

是的，饭要一口一口吃，狼吞虎咽只会引起消化不良；路要一步一步走，步子迈得太大，很有可能会栽跟头；而工作也要稳扎稳打，一步一个脚印，急于求成只会让人一事无成。心急吃不了热豆腐，但愿每一位职场人士都能明白这个道理，成就一番事业并非朝夕之间就能做到的，我们只有潜心修炼，踏踏实实把工作中的每一件事情做好，最后才有可能登上成功的高峰。

## 学会蛰伏，等待厚积薄发

春秋时，越王勾践曾被吴王夫差抓去做人质，给夫差当奴役。从一国之君到为人仆役，这是多么大的羞辱啊。但勾践忍了，是他甘心为奴吗？当然不是，他是在伺机复国。

到了吴国后，他们住在山洞石屋里，夫差外出时，他就亲自为之牵马。有人骂他，他也不还口，始终表现得十分驯服。

一次，吴王夫差病了，勾践背地里让范蠡预测一下，得知夫差此病不久便可痊愈。于是，勾践去探望夫差，并亲口尝了尝夫差的粪便，然后对夫差说："大王的病不久就会好的。"夫差就问他为什么。

勾践说道："我曾跟名医学过医道，只要尝一尝病人的粪便，就能知道病的轻重。大王的粪便味酸而稍有点苦，所以，您很快就会好起来的，请大王放心！"果然，没过几天，夫差的病就好了。夫差认为勾践比自己的儿子还孝敬，十分感动，就把勾践放回了越国。

勾践回国后，立志发愤图强，准备复仇。他怕自己贪图舒适的生活，消磨了报仇的志气，晚上就枕着兵器，睡在稻草堆上，他还在房子里挂上一只苦胆，每天早上起来后就尝尝苦胆。他还亲自到田里与农夫一起干活，妻子也纺线织布。勾践的这些举动感动了越国上下官民，经过十年的艰苦奋斗，越国终于兵精粮足，转弱为强。

而吴王夫差盲目力图争霸，丝毫不考虑民生疾苦。他还听信伯嚭的坏话，杀了忠臣伍子胥。最终夫差争霸成功，称霸于诸侯。但是，这时的吴国貌似强大，实际上已经在走下坡路了。

公元前478年，勾践亲自带兵攻打吴国。这时的吴国已经是强弩之末，根本抵挡不住越国军队的强势猛攻，屡战屡败。最后，夫差派人向勾践求和，范蠡坚决主张要灭掉吴国。夫差见求和不成，非常羞愧，就拔剑自杀了。

其实，并非只有像勾践这样的一国之君需要蛰伏，我们普通人要想在事业上做出一番成就，一样要学会蛰伏，学会戒急用忍，学会韬光养晦，于默默无闻中不断提高自己的能力，绝对不能沉不住气，做出毁掉自己前途的冲动之事。

小王是刚进公司的一名职员，很多老员工上班时经常聊天或干其他的事情，他们将日常业务上的事情都交给小王。小王虽然对此有些不满，但他还是把这些事情接下来了，毕竟这样可以学到许多业务技能，所以，他决定忍耐一段时间。

有一天，公司召开紧急会议，老板要求业务部员工做工作汇报。面对老板的提问，那些老员工支支吾吾，因为他们对近来的业务实在是不熟悉。

在场的员工中，只有小王对业务比较熟悉。轮到小王发言时，他清楚地告诉老板哪家公司进了多少货、客户有什么反馈等。

老板听了，很满意，问道：“我怎么从来没有见过你？”

小王赶忙回答：“我才来公司两个月，业务上还有许多不熟悉的地方，我以后一定会做得更好。”

不久，小王便获得了老板的赏识，半年后，他被提拔为业务部主管。

《菜根谭》中曰：“伏久者飞必高，开先者谢独早，知此，可以免蹭蹬之忧，可以消躁急之念。”潜伏得越久的鸟，会飞得越高；花朵盛开得越早，凋谢得也会越快。明白了这个道理后，我们不管从事何种工作，也不管在工作中会遇到何种困难，我们都能沉得住气，继续把手中的事情做下去。

叶翔宇是一位博士，他在找工作时，居然没有一家企业愿意聘用这位哈佛大学毕业的高才生。没有办法，叶翔宇决定换一种方法试试。他隐瞒了自己“海归”的身份，去应聘程序录入员的工作。不久，他就被一家软件公司录用了，做了一名程序录入员。

没过多久，项目主管发现，叶翔宇竟然能指出程序中的漏洞，这绝不是一般录入员所能做到的。这时，叶翔宇拿出了自己的学士证书。主管很惊讶，很快就给他调换了一个与本科毕业生对口的工作。

过了一段时间，项目经理发现，叶翔宇能对自己的项目提出不少有价值的建议，这比一般大学生水平要高很多。这时，叶翔宇亮出自己的硕士身份，项目经理又提升了他。

一年过去了，老板在考核员工的时候，发现叶翔宇比一般的硕士有水平，工作很出色，就找他谈了谈。这时，叶翔宇拿出了自己的博士学位证明，并介绍了自己在公司的工作经历。

老板了解情况后，毫不犹豫地重用了叶翔宇。

当我们身处低位时，不要灰心丧气，更不要愤愤不平，要知道，金子总会发光的，只要我们能沉得住气，在岗位上不断努力，那经过一段时间的蛰伏，我们总会有机会展现出自己的超强才干，从而获得老板的赏识和重用。

## 劳逸结合，休息是为了更好地工作

有些人一旦进入工作状态，就会忘记吃饭、休息，这种拼劲固然让人佩服，但却有着很大的负面作用。因为人不是机器，在工作一段时间后，我们的身体会感觉很疲惫，需要适当的休息来调整，以便恢复精力。所以，对职场中人来说，学会劳逸结合是很有必要的。一个人只有在头脑清醒、身体舒适的状态下工作，才会有高效率，否则，即便我们花的时间再多，最后的效果也会不好。

有三条毛毛虫经过长途跋涉，最后来到目的地的对岸。当它们爬上河堤，准备过河到开满鲜花的对面去的时候，一条毛毛虫说："我们必须先找桥，然后从桥上爬过去。"另一条说："我们还是造一条船，从水上漂过去。"最后那条说："我们走了那么远的路，已经疲惫不堪了，应该停下来先休息两天。"

听了这话，另外两条毛毛虫感到很诧异："休息，简直是天大的笑话！没看到对岸花丛中的蜜快被喝光了吗？我们一路马不停蹄，难道是来这儿睡觉的？"

话未说完，一条毛毛虫已开始爬树，准备摘一片树叶做船。另一条则爬上河堤的一条小路去寻找过河的桥，而剩下的一条毛毛虫则爬上最高的一棵树，找了片叶子躺下来，美美地睡着了。

一觉醒来，毛毛虫发现自己变成了一只美丽的蝴蝶，它扇动自己的翅膀，轻松地过了河。此时，一起来的两个伙伴，一条毛毛虫累死在路上，另一条毛毛虫则被河水淹死了。

懂得休息的毛毛虫最终如愿过了河，而不懂得休息的毛毛虫却死在了路上，由此可见，休息放松并非是浪费生命，而是在为身体充电。只有身心都获得放松后，我们才能够集中精力做自己想做的事情。

当我们长时间忙于工作时，我们的精力就会耗竭，身体就会感到疲惫，如果我们还是继续工作，就可能让身体不堪重负。到时候，别说获得成功了，我们可能连基本的健康都保不住。

中国有句俗话叫："磨刀不误砍柴工。"西方也有一句谚语叫："不会休息的人就不会工作。"是的，为了能够更好地做事，我们每一位职场人士都必须学会休息。唯有劳逸结合，我们才能高效地完成工作。

查理在伐木场得到了一份伐木的工作。他决心一定要努力工作，让人们刮目相看。于是，上班第一天，他就带着斧头干劲十足地开始工作。整整一天，查理片刻不停地挥舞斧子，最终砍倒了19棵大树。

第二天，查理干劲更足。可是，当他准备举起斧子的时候，他发现自己的胳膊痛得抬不起来。他强忍酸痛，用更大的力气砍树。尽管这么拼命，第二天，他却只砍倒了16棵树。查理觉得有些沮丧，暗下决心，明天一定要更加努力才行。

第三天，查理感到浑身上下都酸痛无比。但是，眼看其他工人砍的树越来越多，他片刻都不敢让自己休息，就是这样，他砍的树却比第二天还少。查理难过极了，生怕老板以为自己没有好好工作。

第四天，就在查理艰难挥舞斧子的时候，老板出现了。他把查理叫到一旁，对他说："你知道为什么你砍的树越来越少吗？""我没有偷懒。"查理赶紧辩解。老板微笑着说："放松点儿，我知道你很努力。但为什么效率越来越低？你有没有注意过乔治？他和你同一天来上班，每砍倒几棵树，乔治就会休息一会儿，哼哼歌、抽抽烟，或者在草地上躺一会儿。这样劳逸结合，他每天砍的树都很多。"

乔治是在偷懒吗？如果是，那为什么他的工作业绩比从不休息的查理好很多？其实道理已经很明显了，乔治是在通过适当的休息，为下一次工作积蓄更大的能量。努力工作并不意味着非要像查理这样片刻都不休息，而是应该向乔治学习，学会劳逸结合。

休息的价值，除了能让人们提高工作效率以外，更可贵的是，只有休息好了，我们才能获得身心的愉悦。休息，既可以是一场优质的睡眠，也可以是一段旅行、看一本好书或者一场电影……学会劳逸结合，我们就更容易在努力工作和享受生活之间，获得恰当的平衡。

韦恩先生是一家跨国集团的CEO，有一天，一位大客户来拜访韦恩先生。不料，秘书说："对不起，先生，韦恩先生去希腊和家人度假了。而且，他特别叮嘱，度假期间不要打扰他。"

"你说什么？"客户简直不敢相信自己的耳朵，"这么大的集团，韦恩先生居然出去度假！”

“是的，先生。”秘书抱歉地说。

客户有些失望，他一离开办公室，就迫不及待地给韦恩先生打电话：“你工作一个小时就能搞定上亿美元的生意，却跑去希腊度假，这一休息得损失多少钱？平时你这么精明，这笔账怎么都不会算了？”

电话那头，韦恩先生哈哈大笑：“上亿美金确实是很多很多钱，但是，它能换来我和家人在一起的快乐时光吗？钱，什么时候都可以挣，但是，好的心情却是无价的。”

从这个故事中，我们可以看到，成功的秘诀就在于劳逸结合。罗马不是一天就能建成的，在工作中，我们要懂得循序渐进，每当工作一段时间后，必须从繁忙的状态中抽身出来，让自己好好地休息，以便自己的身体机能在松弛中得以恢复。休息好后，我们又能精神抖擞地投入到工作中去。

# 第七章　敢于冒险，你的胆略终将决定你的成败

如果缺乏接受挑战的勇气，我们只能在困难面前束手无策、裹足不前，任宝贵的时光白白流逝，一生都庸庸碌碌、毫无作为。相信谁都不愿意过这种生活，既然不想以这种方式度过此生，那我们就要勇敢一点，想方设法去解决眼前的难题。

## 勇于尝试，才能有所收获

玫瑰在散发馨香的同时也生有尖刺，成功以诱人的面目出现时也伴有风险。要想获得馨香的玫瑰，就得不怕尖刺；要想取得诱人的成功，就得去尝试和冒险。如果我们过于谨慎，处处躲避风险，那是不可能有所作为的。

小橙天资聪颖，可是，她最大的弱点就是胆怯、懦弱、胆小怕事，特别是在人多的场合，她有时候都不敢说话。因为这个弱点，她从小到大失去了很多机会。

中学时，因为她嗓音甜美，老师曾让她去参加全县的中学生唱歌比赛。可是，到了县城她才发现，台下站满了观看的人群，大家不时指指点点，而且，比赛的选手一个比一个强！看到这些，她心想："这里的人个个都那么厉害，可我，我……还是放弃吧！"

高考时，小橙的成绩接近北京师范大学的录取分数线，可是，她不敢报考北京师范大学，担心自己不会被录取，还担心自己不适应大城市的生活。工作后，虽然她在公司是屈指可数的高才生，可是因为胆怯，她不敢表现自己，慢慢地，领导对她也不器重了。

生活中，那些在事业上停滞不前，以至一事无成的人，大多缺乏尝试和冒险的勇气。面对任何事情，他们都习惯性地先采取守势，活像个受到惊吓的小刺猬，有时机遇来了，他们也迟疑不决，不敢往前迈开自己的脚步，所以只能与成功失之交臂。

美国作家雷·怀尔德说过：“事实上，风险与效益通常是并存的。探查、实验、冒险和创新都隐含着风险，也正是人类发展臻于成功境界的首要推进力。”是的，成功属于有胆略的人，如果我们敢于冒险和尝试，不被艰难吓倒，我们就会发现，事情并没有那么可怕，我们还能收获意料之外的成就。

希腊船王奥纳西斯1906年出生于土耳其西海岸的伊密尔，1922年全家逃难到了希腊。第一次世界大战之后的经济复苏阶段，很多人没有摸准市场的脉搏，拼命地扩大再生产。不久，物价就迅速下跌。人们为了使自己的资金流动起来，都纷纷将自己的产品降价销售。那些手里稍有积蓄的人都在考虑买点儿什么不会赔钱的东西，以免自己手里的钞票贬值。在这种时期，善于经营之道的人却在研究干什么事情可以赚更多的钱。

奥纳西斯就是想赚更多钱的人。他想，生产过剩、物价暴跌之后，经济必然再次繁荣，商品的价格一定会回升，有的还会暴涨。毫无疑问，现在买便宜的商品，到那个时候就会获得成倍的利润。

可是买什么呢？股票、房屋、黄金这些东西，他都不买，他买的是经济危机之中最不景气的海上运输工具——轮船。他是这样分析的：世界经济一旦复苏，运输必须先行。有了这种认识，他马上就着手买船。

到哪里去买船呢？在这场经济危机中，加拿大国营运输业几乎破产殆尽，最后不得不拍卖家业，其中正好有6艘货船，现在每艘的价格是2万美元。这个消息传到奥纳西斯的耳朵里，他差点跳了起来，急忙赶到加拿大买下了这6艘货轮。

在此后的几年内，经济危机愈演愈烈，当时就有很多人认为奥纳西斯干了一件蠢事，而现在大家都认为他是疯子。可是，奥纳西斯却整天笑眯眯的，他对自己的决定充满了信心。

奥纳西斯的运气终于来了，但不是因为经济复苏，而是第二次世界大战爆发了。无论是欧洲战场还是亚洲战场，到处都需要各种物资。这时，谁有能力在太平洋、大西洋运输货物，谁就可以赚到大笔的钱。一时间，奥纳西斯的6艘货船成了6座浮动的金山……

第二次世界大战结束的时候，奥纳西斯已经成了拥有希腊“制海权”的商业巨头之一。话得说回来，如果不是战争，奥纳西斯发展的速度不会这样快，只要世界经济复苏，他也一定会发财的。

第二次世界大战结束之后，世界经济开始复苏，奥纳西斯预见到，经济的发展必然刺激石油运费的猛涨，运输石油必然带来超额利润。他把牙一咬：投巨资建油轮！

在第二次世界大战以前，油轮的载重量是1万吨，而到了1960年，就发展到10万吨了。1975年，奥纳西斯拥有油轮45艘，其中20万吨级以上的超级油轮就有20艘。这一艘艘大大小小的油轮就像一台台造钱的机器，源源不断地为奥纳西斯制造出大量的财富。

1975年，奥纳西斯去世，享年69岁，他的资产高达十几亿美元，拥有一支世界上最大的私人船队，创办了好几家造船厂，买下了爱奥尼亚群岛上的一个岛，还拥有无数的矿山、土地等财产……

从奥纳西斯的人生经历中我们不难发现，他的成功奥秘就是胆识过人。他是一个天生的冒险家，凭借着过人的胆识，在各种风险中自由畅行，最终取得了成功。

“你若失去财产，你只失去一点儿；你若失去荣誉，你就失去很多；你若失去勇敢，你就把一切都失去了。”是啊，勇敢是人身上最为宝贵的品质，在通往成功的路上，如果没有勇敢加持，我们是不可能到达终点的。所以，要想收获成功，打造辉煌人生，我们就不能做一个在风险面前驻足观望的懦夫，而应该亮出自己的宝剑，勇敢地去闯荡、去尝试、去探索、去冒险。

## 一切皆有可能，不要轻易向命运认输

1968年，在墨西哥奥运会的百米赛道上，美国选手吉·海因斯撞线后，指示灯立刻指出9.95的字样，全场轰动，海因斯摊开双手，自言自语说了一句话。这一情景通过电视向全世界转播，可是，由于当时他身边没有话筒，谁也不知道他到底说了什么话。

1984年，洛杉矶奥运会前夕，一个叫戴维·帕尔的记者在回放墨西哥奥运会的资料片时，再次看到海因斯的镜头，他想，这是人类第一次在百米赛道上突破10秒大关，海因斯在看到纪录的那一瞬，一定说了一句不同凡响的话。这一新闻点竟被当时的记者疏忽了，实在是一大遗憾。于是，他决定去采访海因斯，问他当时到底说了句什么。

当记者提起16年前的事时，海因斯想了想，笑着说：“我说，上帝啊，成功那扇门原来虚掩着！”谜底揭开后，海因斯又继续说：“自欧文斯1936年创下10.03秒的百米赛纪录后，医学界的权威们断言，人类的肌肉纤维所承载的运动极限不会超过每秒10米。大家都相信这一说法，但我想，即使无法突破10秒，我也应该跑出10.01秒的成绩。于是，我每天都以最快的速度跑50公里。当我在墨西哥奥运会上看到自己跑出9.95秒的成绩后，我惊呆了，原来，10秒的这个门不是紧锁着的，它只是虚掩着。”

海因斯道出了一个非常简单又十分重要的道理：百米赛10秒的门是虚掩着的，这个世界上，成功的门都是虚掩着的。

成功之门虽然是虚掩的，但并非谁都能推开。要推开虚掩的成功之门，首先要有胆略，要有勇气，要相信一切皆有可能，绝不能还未尝试就举手投降。

德摩斯梯尼是希腊卓越的雄辩家和著名的政治家，他的政治演说为他赢得了不朽的声誉，他的演说词被结集出版，成为古代雄辩术的典范，打动了千千万万读者的心。然而，很多人不知道，德摩斯梯尼演讲时曾多次被人赶下过台。

当时，德摩斯梯尼为了夺回被监护人侵吞的财产，便向雅典著名的演说家、擅长撰写遗产讼词的伊塞学习演说术。然而，在雄辩术高度发达的雅典，无论是在法庭里、广场中，还是在公民大会上，经常有经验丰富的演说家论辩，所以，听众的水平越来越高。演说者每使用一个不适当的用词，每做出一个难看的手势和动作，都会引来人们的讥讽和嘲笑。

德摩斯梯尼天生口吃，还有耸肩的坏习惯。在常人看来，他似乎没有一点当演说家的天赋。如果要成为一名出色的演说家，他必须声音洪亮，发音清晰，姿势优美，富有辩才。可这一切，他统统没有。

于是，为了成为卓越的政治演说家，德摩斯梯尼付出了超过常人几倍的努力，进行了异常刻苦的学习和训练。他最初的政治演说是很不成功的，由于发音不清，论证无力，他曾多次被轰下讲坛。不过，值得庆幸的是，德摩斯梯尼是一个非常勇敢的人，他从不轻易向命运认输，他相信一切皆有可能。

他抄写了《伯罗奔尼撒战争史》8遍；他虚心向著名的演员请教发音的方法；为了改进发音，他把小石子含在嘴里朗读，迎着大风讲话；为了去掉气短的毛病，他一边在陡峭的山路上攀登，一边不停地吟诗；他在家里装了一面大镜子，每天起早贪黑地对着镜子练习演说；为了改掉说话耸肩的坏习惯，他在头顶上悬挂一柄剑……

经过十年的磨炼，德摩斯梯尼终于战胜了自己的弱点，成了著名的政治演说家，他的演说充满激情，富有说服力。

尽管自己各方面的条件都不好，尽管所有人都认为他不可能成功，德摩斯梯尼还是没有选择退缩，他鼓起勇气，拿出胆识，使出浑身解数，最终凭借自己的努力，成了一名出色的演说家，并收获了辉煌的人生！

帕斯捷尔纳克曾说过一句掷地有声的名言：“勇敢就能扫除一切障碍。”是的，在勇敢者的字典里，从来没有“不可能”三个字，只要是他们想要做的事情，哪怕需要跋山涉水、披荆斩棘，他们都会想办法去完成。

1985年10月，大学四年级的李雁雁患上了青光眼，双目失明，且康复无望。1989年，李雁雁得到一条消息，美国海德里盲校将在中国开办盲校分校，免费函授英文。在哥哥的帮助下，李雁雁终于掌握了汉语和一级英语盲文符号的规律。

1993年，李雁雁在一本盲文杂志上读到一条消息：日本有家机构资助其他国家的盲人去日本学习按摩、针灸、指压。同年10月，经过全面严格的考试，李雁雁被日本这家机构录取。

经过刻苦学习，李雁雁获得了日本国家行医执照，成为第一个获得全额助学金在日本学习物理疗法的外国盲人留学生。没有学位，李雁雁感到遗憾，他决定到美国继续深造。

2002年7月，李雁雁收到了加利福尼亚帕默正骨大学的录取通知书，开始了博士课程的学习。凭着扎实的功底，李雁雁以全A的成绩获得了美国帕默正骨大学脊椎神经矫正专业博士学位。在毕业典礼上，全场人士起立，并长时间鼓掌，他们都对这位唯一来自中国的盲人博士毕业生表示由衷的敬佩。

拿到学位后，李雁雁四处寻找诊所和医院实习，但是，看到他是一名盲人，医院诊所都拒绝了他。他决定自己开一家诊所，病人看到他是一个盲人时，都很诧异，但他所做出的准确判断着实让病人佩服。在自己的诊所内，他每天能接纳三五个病人，每个病人每10分钟收取约1000元人民币的诊疗费用。

出国已经很多年了，对家乡和亲人的思念让李雁雁又做出了毅然回国的决定。在谈到归国以后的计划时，李雁雁告诉朋友们，他一方面准备开个诊所，继续发挥自己的专长；另一方面，他已经与中国残联取得联系，计划给更多的残疾人提供服务，贡献自己的力量。

盲人也能成为医生，这大概是很多人都觉得不可能的事情吧，可李雁雁做到了，他不但做到了，还做得非常出色。由此可见，一个人要想取得成功，就不能画地为牢，给自己设限，更不能未经努力就向命运认输。

励志大师戴尔·卡耐基一直鼓励他的读者：“只要你向前走，不必怕什么，你就能发现，成功一定是属于你的！”没错，一个人的胆略将决定他的成败，所以，我们不管做什么事情，都要学着勇敢一点，勇敢会带领我们走向辉煌的人生。

## 想别人不敢想的事，做别人不敢做的事

生活中，很多事业成功的人，往往都是非常有胆略的人，他们敢于想别人不敢想的事，也敢于做别人不敢做的事情，正是因为这份“异想天开”和“胆大包天”，他们才在事业上做出了让所有人都叹服不已的突破。

英国爱迪威利公司在曼彻斯特的分公司销售主管爱尔塔乌，为了打开公司的新式健美裤的拉链市场，没有经过总公司的批准，他就召集全区分公司的推销员和各分公司的销售经理开紧急会议，近百余位推销员的旅差费用去了两万美金。

他的这一举动，在常人来看，简直就是疯狂。可实际上，这一切他都经过了谨慎的计划和安排，经过数据推算证明，这笔钱绝对能够再赚回来。

从第二个季度开始，他就着手准备了，他举行了几次大型促销活动，为了活动搞得更好，他还给公司的全体销售精英们发表了一次演说。

就在第三个季度的第一个星期，他开始了全面进攻。结果，每个销售员一周内只用了四十八小时就创造了公司销售史上的新纪录，到周五做工作总结时，公司的销售额竟然有一百万之多。

高兴得要发疯的爱尔塔乌当即拨通了总公司全国销售主管克斯的电话，用颤抖的声音向他汇报了发生在曼彻斯特的一切。

听到这个消息后，向来以稳重著称的克斯竟禁不住大嚷：“什么？一周之内，销售额是一百万美元，不可能，以前我们一年的销售额才七百多万而已。爱尔塔乌！这个数字太离谱，太超乎想象了。”

更让克斯想象不到的还在后头呢。第二天，刚到公司，他就发现销售部的订单像雪片似的一个接一个地来了。此时，再也没有人提那笔没有经过总公司批准的差旅费支出，尽管它是一笔为数不小的开支。

开创性的事业总是充满风险，只有像爱尔塔乌这样敢想、敢做的人，才能在风险面前毫无畏惧，并最终取得常人永远无法取得的成就。相信经过这件事后，爱尔塔乌在公司的地位会越来越高，待遇也会越来越好。

很多成功人士在成功之前都怀揣着一个梦想，比如，史玉柱在创业时梦想打造自己的“巨人帝国”，马云在创业时梦想着做一件改变中国人生活方式的大事。这两个人最后都成功了，因为他们不仅敢想，还敢将梦想付诸实践。

当然，我们这里所说的“敢想”，并不是指不切实际的空想，而是指只要我们敢去做，就有很大概率实现的想法。下面这个故事中的哈默就是一位敢想敢做的成功人士，他通过想别人不敢想的，做别人不敢做的，成就了一番辉煌的事业。

哈默——这位出生于美国的犹太人后裔，早在大学时期就显露出了不凡的经营才能。那个时候，他的父亲一边行医，一边经营制药厂，但药厂一直不景气。眼看药厂就要破产了，哈默仔细调查发现，问题主要出在销售工作上。于是，他就从加强销售工作入手，改革了公司的经营方针和推销方法，组织了一支强有力的推销员队伍，派出得力人员带着药品挨家挨户拜访医生和药房。经过一段时间的努力，药厂终于起死回生。

1921年，小有名气的哈默受到了列宁的赏识，列宁请哈默帮助新生的苏维埃政权复苏经济。结果，哈默将一间野战医院的全套设备、一辆救护车和大量药品送给苏联后，意外发现了一个商机：虽然苏联正在闹饥荒，但是，那里有很多裘皮。于是，哈默火速给哥哥发去电报，让他在美国购买100万美元的小麦运往苏联，从而换取了100万美元当地产的毛皮。

哈默因此发了一笔大财，列宁在接见他时说：“苏联要使自己的车轮再次转动起来，也需要美国的资金和技术援助。”这一次接见后，哈默成了美国对苏联的贸易代理人。随后，哈默还经营许多生意，赢利达千万美元以上。

敏锐的哈默从来都不把自己局限于一个领域，20世纪30年代初，他隐隐看出罗斯福即将当选美国总统，而罗斯福一旦当政，先前的美国禁酒法将被废除，那么，全国对啤酒和威士忌酒的需求量将会猛增，肯定会需要很多酒桶。于是，他当机立断，订购几船白橡木桶板，并在新泽西州建立了一座现代化的酒桶工厂。果然，罗斯福当选后，禁酒令废除了，哈默制桶公司的酒桶被酒商高价抢购一空。

与此同时，哈默发现，美国经济已趋于好转，人们的消费出现追逐名牌的趋势，他马上在肯塔基州用谷物生产一种名叫“丹特”

的高级威士忌，此酒很受市民欢迎。不久，他的威士忌酒一跃而成为美国名酒，年销售量高达100万箱。

“二战”期间，哈默发现养牛应该是不错的生意，他以650美元卖了他的酿酒厂，又从事养牛业。结果，他再一次赚得了巨大的财富。

后来，到了20世纪50年代中后期，世界范围内的能源危机日趋严重。哈默认为，随着现代工业的发展，石油行业肯定大有前途，这是投资的大好机会。于是，他又进军石油业。尽管在石油业，哈默并不是先行者，但由于经营得法，哈默最终成了世界上最阔的石油大亨之一，被人们誉为“美国石油大王”。

其实，很多时候，我们之所以没有成功，不是因为我们不会想、不会做，而是因为我们一直停留在“不敢想、不敢做”的状态中，恐惧和胆怯阻碍了我们前进的脚步。

如果我们能有哈默那样的勇气和胆略，我们也能在事业上做出更大的成就。所以，亲爱的朋友们，大胆地去想吧，勇敢地去做吧，成功就在前方不远处等着我们！

## 迎接生活中的所有挑战

在工作中，我们总会遇到各种各样的挑战，如果我们害怕挑战，那就不可能做出任何成就。唯有勇敢迎接挑战，我们才能真正地解决问题。

美国著名的福特公司刚开始只生产两缸汽车。有一天，福特突发奇想，他觉得，两缸汽车产生的马力有限，可不可以生产更多的汽缸，以加强汽车马力呢?

于是，福特找到了公司里的科研人员，并对他们说："现在我要让你们研究生产四缸汽车。"

科研人员听了之后，都摇头说："我们不可能生产出来。"

福特说道："我不相信不可能，你们给我研究就是了。"

研究了一年之后，科研人员还是说："报告老板，四个缸的汽车是不可能生产出来的。"

福特愤怒地说："让你们研究，你们就继续研究。"

到了第二年年底，他们的研究又告失败，于是，他们对福特说："报告老板，四个缸汽车确实是不可能生产出来的。"

当时，福特真是大发雷霆，说："明年再研制不出四缸汽车，你们就另谋出路吧！你们最好一起思考如何才能生产出四缸汽车呢？”

这些科研人员心里也很烦，可是没有办法，他们只能听命于福特。没想到，这一次，他们真的研制出了四缸汽车。

后来，福特说：“不是不可能吗？为什么这半年就研制出来了？”其中一个组长说：“报告老板，原来我们不相信我们可以研制出四缸汽车。可是这半年，我们每个人都问自己一个问题：我们如何才能生产出四缸汽车？”

福特笑了笑，说：“你们问对了问题，如果你们问‘我们何必要生产四缸汽车’，那么，今天你们就不会成功了。”

很多事情，只要我们勇敢去做，那就有50%的成功率；如果我们都不敢接受挑战，那么，成功的概率将是零。所以，要想在工作中取得突破，勇气和胆略是不可或缺的，它们就像发动机一样，源源不断地给人前行的动力。

美国军事统帅乔治·巴顿说过：“接受挑战吧，这样你才能感受到胜利的喜悦。”是的，胜利是上天赠予勇敢者的礼物。作为一名职场人士，如果我们不想平庸地过完一生，如果我们也想品尝到胜利的滋味，那从现在开始，勇敢地接受挑战吧！

1908年，年轻的希尔正在上大学，同时，他还在一家杂志社工作。因为他在工作上的杰出表现，杂志社派他去访问钢铁大王安德鲁·卡内基。

卡内基十分欣赏这位积极向上、精力充沛、有闯劲、有毅力的年轻人。他对希尔说：“我向你挑战。我要你用20年的时间专门研究美国人的成功哲学，然后给出一个答案。我除了写介绍信为你引荐成功人士外，不会给予你任何经济支持，你肯接受吗？”

希尔勇敢地接受了挑战。他在卡内基的引荐下，遍访了美国500多位杰出人物，对他们的成功之道进行了长期研究，并于1928年出版了《成功定律》一书。这本书震动了全世界，又过了7年，希尔做了罗斯福总统的顾问。

希尔在后来的演讲中说：“试想，当时全国最富有的人要我为他工作20年，而不给我一丁点儿薪酬，如果是你，你会对这建议说是还是说不？”

识时务者对这样一个“荒唐的建议”肯定会推辞的，可是，希尔却没有这么做，他勇敢地接受了这个“荒唐的建议”，勇敢地做了一个“不识时务者”。希尔正是以他的这种勇于挑战自我的气魄，最终为自己创造了机遇。

在这个世界上，没有从天而降的胜利，每一寸江山都是勇士们浴血奋战打下来的，希尔之所以能取得这般耀眼的成就，也正是因为他敢于接受挑战。

如果缺乏接受挑战的勇气，我们只能在困难面前束手无策、裹足不前，任宝贵的时光白白流逝，一生都庸庸碌碌、毫无作为。相信谁都不愿意过这种生活，既然不想以这种方式度过此生，那我们就要勇敢一点，想方设法去解决眼前的难题，直到我们顺利抵达梦寐以求的目的地。

## 勇敢一点，最糟糕的结果不过是失败

心理学上有一个“基利定理”，它是指人要想干出一番惊人的业绩，一定要有坦然面对失败的积极态度，千万不可一遭受挫折便落荒而逃。否则，你永远都与成功无缘。

其实，失败与成功都是一种状态，失败了，并不意味着我们无能，而是指我们没有做成一件事，暂时没有达到我们的目标。失败是成功之母，我们只有经过失败的磨砺，才会一步步接近成功。

20世纪60年代中期，韦尔奇还只是美国通用电气公司的一位年轻工程师。年轻气盛的他也有很多梦想，但在现实中，他的梦想却遭受到了考验。

一次，韦尔奇踌躇满志地准备大干一场的时候，一件不幸的事情发生了：实验的研究设备突然发生爆炸，三千多万美元的实验设备瞬间化为灰烬。

遭遇这突如其来的灾难，韦尔奇精神面临崩溃。在面对总部派来调查事故原因的高级官员时，他觉得自己这辈子都不可能再翻身了。

可令他没有想到的是，这位官员对韦尔奇提出的第一个问题是：“我们从这次实验中得到了什么没有？”

韦尔奇先是一惊，然后回答道：“这证明了我们这个方法行不通。”

调查官员说：“这就好，数千万美元虽然是个大数目，但庆幸的是我们并非一无所得。”

一场惊天动地的“重大事故”就这样解决了。这件事情给了韦尔奇很多启发，后来，通过自己的努力，韦尔奇带领通用电气公司实现了二十年的高速发展。

人的一生不可能总是一帆风顺，我们难免会遭遇各种失败或挫折，如果我们因为害怕失败和挫折，就因噎废食，不敢去做一件事，又或是在遭遇失败和挫折后，再也不敢重振精神，扬帆起航，那我们就会离成功越来越远。

所以，我们要学习韦尔奇对待失败和挫折的态度，尽可能地承认失败的客观性，而非消极地被失败所左右。要知道，失败的原因要么是方向错了，要么是方法错了，从失败中总结经验教训，失败就会成为下一次成功的基础。

新东方董事长俞敏洪说过：“人要有面对失败的勇气。”其实，俞敏洪在自己的生命历程中也曾遭遇过很多次失败，但是，他深深地懂得，一个输得起的人，最后才会赢得起。

俞敏洪遇到的第一个大的失败就是高考，作为一个农民的孩子，离开农村到城市生活就是他的梦想，他认定高考是他离开农村的唯一出路。但是，由于知识基础薄弱等原因，他第一次高考失败了，英语才得了33分；第二年，他又考了一次，这次他的英语得了55分，依然名落孙山；他继续坚持，又考了一次，这一次，他终于考入了北大。

20世纪80年代末，中国出现了留学热潮，俞敏洪的很多同学和朋友都相继出国，俞敏洪也开始动心了。1988年，他参加托福考试，就在他全力以赴为出国做准备时，美国对中国收紧了留学政策。以后的两年，中国赴美留学人数大减，再加上俞敏洪在北大的学习成绩并不算很优秀，所以，俞敏洪放弃了赴美留学的梦想。

经过几番打拼后，俞敏洪终于找到了属于自己的路：创办了北京新东方学校。

失败固然可惜，但它可以磨炼我们的能力。当我们能够以平和的心态面对失败时，我们才变得更加成熟。而那些遭遇过的失败和挫折，也将成为我们生命中的无价之宝。

生活中，很多人都喜欢成功，不喜欢失败，出于对失败的恐惧，很多人始终不敢往前迈出一步。毫无疑问，怯懦对一个人的事业发展是毫无益处的，所以，我们要想取得成功，就得勇敢一点。

1816年，家人被赶出了居住的地方，他必须出去工作。那一年，他还不到10岁。

1818年，母亲去世。

1831年，经商失败。

1832年，竞选州议员，他落选了。那一年，他的工作也丢了。

1833年，他向朋友借了一些钱，再次经商，但年底就破产了。接下来，他花了16年的时间，才把欠债还清。

1834年，再次竞选州议员，这次命运垂青了他，他赢了！

1835年，订婚后即将结婚时，他的未婚妻却死了，他的心也碎了。

1836年，精神完全崩溃的他，卧病在床6个月。

1838年，争取成为州议员的发言人，但没有成功。

1840年，争取成为选举人，但失败了。

1843年，参加国会大选，但落选了。

1846年，再次参加国会大选，命运第二次垂青了他，他当选了！

1848年，寻求国会议员连任，但失败了。

1849年，他想在自己的州内担任土地局长的工作，但被拒绝了。

1854年，竞选美国参议员，但落选了。

1856年，在共和党的全国代表大会上争取副总统的提名，但得票不到100张。

1858年，再度竞选美国参议员，再度落败。

1860年，当选美国总统。

这个人就是林肯，他竞选参议员落选的时候，说过这么一段话："此路艰辛而泥泞，我一只脚滑了一下，另一只脚因而站不稳。但我缓口气，告诉自己，这不过是滑一跤，并不是死去而爬不起来。"

是啊，不管做什么事情，最糟糕的结果也不过是失败。失败了，我们还能重新再来，所以，又有什么好恐惧、好担忧的呢？俗话说："胜败乃兵家常事。""黑夜过去便是黎明。"只要把失败和挫折看成是成功和胜利的前奏曲，我们就能鼓起勇气，从笼罩自己的阴影中走出来，去创造属于自己的辉煌人生。

## 第八章　再坚持一会儿，你要的胜利就在眼前

据说，世界上只有两种动物能够登上金字塔顶，一种是老鹰，一种是蜗牛。蜗牛之所以能与老鹰一样到达金字塔顶端，是因为它有着永不言弃的信念和坚持不懈的意志。由此可见，一个人若想赢得事业上的辉煌，就得学会坚持，只要坚持到底，胜利就在前方不远处等着我们！

## 从头到尾做完一件事，就是坚持

从哲学角度来看，量变与质变是辩证统一的，事物的发展总是从量变开始的，量变积累到一定程度才会引起质变。如果我们做事总是半途而废，那就没有足够充分的量的积累，无法发生质变，最后也就无法取得成功。

古官道上走来一个匆匆的行者。他年约二十，书生打扮，脸上露出兴奋的表情。他叫乐羊子。本来，他在外地求学，但学问的艰深、求学的清苦，使他感到十分乏味，想着家里美丽的妻子、舒适的房舍，他在私塾待了一年后，他终于决定返乡。

想到妻子惊喜的表情，那温暖体贴的招呼，他便觉得格外地兴奋。终于，熟悉的房舍出现在了眼前，炊烟正袅袅地升起，他赶紧跑到门前，叩响了门环。

“谁？”屋里的织布声停了，传来妻子熟悉的声音。

“我呀！”乐羊子高兴地大叫起来。

屋子里出现短暂的沉默，“吱呀”，门开了，露出妻子惊喜而略带诧异的脸。当她看到乐羊子那沉甸甸的行装，她脸上的笑容消失了。

乐羊子一步跨进门里，放下包袱，环视了一眼干净、舒适的屋子，便高兴地嚷嚷起来：“终于回来了，可回来了。”现在，他一心只等着妻子送上几句欢迎归家的贺词，端上美味可口的饭菜。

但妻子的表情似乎有些冷淡，她默默地看着他，终于开口说道：“不是要三年才能回来吗？”

“我想家，所以便回来了。”

“住几天？”

“再也不走了。”乐羊子手一挥，感觉很痛快。想到那清冷的私塾，真让人松了一口气。以后，便可以在家里陪着妻子，过着悠闲自在的日子了。

妻子没说什么，只是拿出一把剪刀，乐羊子诧异地盯着她，只见她走到织布机边，“咔嚓”一声，便将织布机上的一匹布剪断了。乐羊子大叫起来，真是太可惜了！这是一块图案精美的花布，还差一点就要彻底完工了，可妻子这么横刀一剪……

“这本是一块快要完工的布，但我剪断了它，它便成了一块废布。”妻子说，“求学的道理也是一样。若能坚持到底，付出艰苦的努力，你就能成为一个有用的人；但若不能坚持，中途放弃，你就会前功尽弃，如同这块废布一样，成为一个毫无用处的人。”

“这？”乐羊子嗫嚅着。

“再过几年，你的同学学业有成，便可报效国家、建功立业了，而你却仍是碌碌一白丁，终日干些琐碎的事，一辈子又能有什么出息呢？”

乐羊子低头不语，他感到非常羞愧，自己的见识还不如一个女子。若不是妻子谆谆教诲，自己岂不是会虚掷光阴，成为一个无用之人？想到此，他便重新收拾行装，决心回到私塾去完成学业。

如果我们不能坚持做完自己的事情时，就意味着我们前期的所有努力都浪费了，一旦我们养成这个习惯，很有可能一生都一事无成。

其实，对乐羊子来说，学习并不难，难的是坚持，坚持一下也不难，难的是坚持到底。坚持到底是学业有成的必要前提，同理，从头到尾做完一件事，绝不半途而废，也是一个人取得事业成功的不二法门。

美国著名学者安东尼·卡索从他亲自策划和主持过的上百次民意测验中整理和归纳了美国500家大企业创始人成功的要点，其中有一条就是：做事情必须像猫追老鼠一样紧追不舍，不能半途而废，否则就会在竞争中一事无成。

尤斯图斯·冯·李比希，德国著名的化学家，他创立了有机化学，因此，他被称为“化学之父”。

李比希曾经试着把海藻烧成灰，用热水浸泡，再往里面通氯气，这样就能提取出海藻里面的碘。他发现，剩余的残渣底部沉淀着一层褐色的液体，收集起这些液体，会闻到一股刺鼻的臭味。

他重复做这个实验，都得到了同样的结果。这种液体是什么呢？李比希想，这些液体是通了氯气后得到的，说明氯气和海藻中的碘起了化学反应，生成了氯化碘。于是，他在盛着这些液体的瓶子上贴了一个标签，上面写着“氯化碘”..

几年后，李比希无意中看到了一篇论文——《海藻中的新元素》，他屏着呼吸，细细地阅读，读完懊悔莫及。原来，这篇论文的作者——法国青年波拉德也做了同样的实验，他也发现了那种褐色的液体。

和李比希不同的是，波拉德没有中止实验，他继续深入研究这褐色的液体有什么样的性质，与当时已经发现的元素有什么异同。最后，他判断，这是一种还未发现的新元素。波拉德为它起名“盐水”。波拉德把自己的发现通知了巴黎科学院，科学院把这个新元素命名为“溴”。

可以想象，如果李比希继续研究下去，那最后发现这个新元素的人一定是他，而不是波拉德。但很遗憾，李比希没有坚持下去。

坚持是取得成功的必要前提，做任何事情，我们都要有耐心、有毅力，要么就不做，要么就坚持做完，只有这样，我们才能有所收获。

## 有时你离金矿只有一锨土的距离

相信很多人都有过这样的经历，为了达成某个目标，坚持走了很长的一段路，可走着走着，渐渐失去了信心和耐心，总觉得前路迢迢，胜利无望，于是干脆选择了放弃。不可否认，在放弃的那一瞬间，我们得到了久违的轻松，可很快我们就会后悔，因为梦寐以求的成功，仅仅距离我们一步之遥。

青年农民达比卖掉了自己的全部家产，来到科罗拉多州追寻黄金梦。他围了一块地，用十字镐和铁锹进行挖掘。经过几十天的辛勤工作，达比终于看到了闪闪发光的金矿石。继续开采必须有机器，他只好悄悄地把金矿掩埋好，回家凑钱买机器。

当他费尽千辛万苦弄来了机器继续进行挖掘时，却发现下面都是一些普通的石头，达比认为金矿枯竭了。他难以维持每天的开支，更承受不住越来越重的精神压力，只好把机器当废铁卖给了收废品的人，卷铺盖回了家。

收废品的人请来一位矿业工程师对现场进行勘察，得出的结论是：如果再挖三尺，就可能发现金矿。

收废品的人按照工程师的指点，不断地往下挖。正如工程师所言，他真的挖到了金矿，获得了数百万美元的利润。达比从报纸上知道了这个消息，追悔莫及。

生活中，很多人都以为成功遥不可及，都早早地选择了放弃，可实际上，我们离金矿只有一锨土的距离，只要我们多一点坚持，多一丝耐心，就能挖到宝藏，从此改变自己的命运，迎来人生的灿烂和辉煌。

以前，有两个年轻人在一起画画，一个很有天赋，而另一个资质稍差。没过几年，那个很有天赋的人因为稍有成就，在纸醉金迷的生活中迷失了方向，几乎放弃了画画。

而另一个资质稍差的人生活虽贫困，每天都要下地干活，空闲时还要砍柴，可是，他始终没有放弃绘画。不论每天工作有多忙，他都要全神贯注地画上一小时，一直坚持画画。

四十年后，资质稍差的人从湖南一个名不见经传的木匠，变成了全国闻名的画坛巨匠，他就是齐白石。

在齐白石获得成功后，有一次，那个曾经和他一起学画画，后来又放弃的人前来拜访他，那时，两个人都已经是白发苍苍的老人了。

两个人在一起回忆了当年的学画生涯，齐白石听到他一再地感叹，为自己当初的半途而废而悔恨，齐白石笑了笑，说："其实成功根本没有你想的那么遥远，我从一个木匠到现在的绘画大师，其实只用了不过四年多的时间而已。"

有多少人能有齐白石那样的恒心和毅力呢？对于大多数人来说，别说四年了，可能短短的一个季度都等不了。他们种下一颗种子，就希望它立马开出花儿，如果种子还是没有动静，他们就会感到无比的失望。然而，就在他们转身离去后不久，种子发芽了，慢慢地，花儿也开放了。只可惜，这一切他们都看不到了。

查德威尔是第一个成功横渡英吉利海峡的女性，她没有就此满足，她决定从卡塔林岛游到加利福尼亚。这一次的行程十分艰苦，刺骨的海水冻得查德威尔的嘴唇发紫。她快坚持不住了，目的地不知道还有多远，她根本看不到海岸线。

渐渐地，她感到自己的四肢特别沉重，自己一点劲都使不上了，于是，她对陪伴在她身边的船上的工作人员说："我快不行了，拉我上船吧！"

"还有一海里就到了啊，再坚持一下吧。"工作人员鼓励她说。

"我不信，我怎么连海岸线都看不到啊！快拉我上去！"看她那么坚持，工作人员就把她拉上去了。快艇飞快地往前开去，不到一分钟，加利福尼亚的海岸线就出现在眼前了。事后，查德威尔非常懊恼，为什么她当初不听别人的话，再坚持一下呢？

古希腊哲学家柏拉图说过，成功的唯一秘诀就是坚持最后一分钟。不努力到最后，绝不要轻易放弃，要相信，能坚持到最后的人，往往才是最终的胜利者，才能获得辉煌的人生。

## 再试一次，你会得到你想要的结果

在通往成功的道路上，很少有人能一帆风顺，每一个人都要碰无数次壁，遭遇无数次挫折和失败。所以，如果我们缺乏耐性，遇到一点点不顺就垂头丧气，不再继续前进，那是不可能有所收获的。

科学家爱迪生说过："失败也是我需要的，它和成功对我一样有价值，只有在我知道一切做不好的方法以后，我才能知道做好一件工作的方法是什么。"众所周知，爱迪生发明电灯先后用了6000多种材料，试验了7000多次，最后才取得了突破性的进展。所以，我们也要学会坚持，不管遇到什么问题，都不要轻易放弃，只要我们持之以恒地走下去，我们就迟早会跟成功握手。

哈兰·桑德斯出生于美国印第安纳州的一个农庄，幼年时，他的家境不是很富裕，白天母亲不在家，小桑德斯只好自己做饭，他居然成了远近闻名的烹饪能手。

后来，他换过很多工作，做过粉刷工、消防员，卖过保险，还当过一阵子兵，做过治安官。40岁的时候，桑德斯来到肯塔基州，开了一家加油站，为方便长途跋涉的人，他就在加油站的小厨房里做了点日常饭菜。

后来，来这里吃饭的顾客越来越多，加油站里已经容不下了，他就在马路对面开了一家可容纳142人的桑德斯餐厅。

到了1935年，桑德斯的炸鸡已闻名遐迩。肯塔基州州长鲁比·拉丰为了感谢他对该州饮食所做的特殊贡献，正式向他颁发了上校官阶，所以，人们都叫他“亲爱的桑德斯上校”。

即便在大萧条时期，桑德斯的餐厅生意依然红火。可是，“二战”的爆发和新建横贯肯塔基的跨州公路计划给了他巨大的打击，打乱了他所有的计划，他的热情一下子降到了冰点。他破产了，并且不得不变卖资产以偿还债务。一下子，哈兰·桑德斯这位昔日受人尊敬的上校和富翁，变成了一个一文不名的穷人。这时的桑德斯已经66岁了，他只能依靠每月105美元的救济金生活。

为了摆脱困境，桑德斯决定向餐馆推销自己的炸鸡秘方。他带着一只压力锅和一个50磅的作料桶，开着一辆老福特，从肯塔基州到俄亥俄州，逐一停在每一家饭店的门口，要求给老板和店员炸鸡。如果他们喜欢炸鸡，就卖给他们特许权，给他们提供作料，并教他们炸制方法。当然，他不能把这份秘方完整地卖给餐馆，但如果因为这份秘方而让餐馆的生意更加兴隆的话，他可以提成，和餐馆的老板共同从中获利。

开始的时候，没有人相信他，饭店老板甚至觉得听这个怪老头胡诌简直是浪费时间，因为他们都觉得：假如他真有一份这么好的秘方，还会去靠领救济金生活吗？桑德斯的宣传工作做得很艰难，在两年时间里，他被拒绝了1009次，终于，在第1010次走进一个饭店时，他得到了一句“好吧！”的回答。在1952年，第一家被授权经营的肯德基餐厅在盐湖城建立了，这便是世界上餐饮加盟特许经营的开始。

辉煌等不来，人生靠你自己拼

在挫折和失败面前，很多人都会沮丧，失去耐心，一蹶不振，很少有人能继续坚持下去，只有像桑德斯那样有毅力、有恒心的人，才会选择再试一次，直至取得他想要的成功。

记住，没有人可以总是一帆风顺，我们总要面临各种挫折和失败的挑战，所以，越是这个时候，越要沉得住气，坚持不懈，百折不挠，因为胜利就在前方！

约翰·吉米是美国一家人寿保险公司的保险员，不幸的是，他的销售成绩始终是一片空白。可是，吉米毫不气馁，晚上即使再疲倦，他也一定要写信给被白天自己访问过的客户，感谢他们接受自己的访问。同时，他也会再次请他们投保，每一字每一句都写得诚恳感人。

但是，任凭他再努力、再劳累，也没有任何效果。两个月过去了，他连一个保单也没有拉到。他常常是劳累一天，回来连饭也没心情吃，虽然娇妻温顺体贴，但是，一想到第二天，他就会全身冒冷汗。

他在日记中写道："从前，我以为一个人只要认真、努力地工作，就能做好任何事情。但是这一次，我错了。我辛苦地跑了六十八天，然而，却连一个客户也没有拉到。但一想到未来的成功时，我就又充满了信心。"

为了达成目标，他从未放弃过。有一次，他想说服一个校长让他的学生全部投保，然而，校长对此毫无兴趣，一次次地将他拒之门外。当他第六十九次再跑到校长室时，校长终于被他所感动，答应让学校的所有学生投保。后来，他就是凭着坚持不懈的精神成了一位著名的保险推销员。

约翰·吉米的故事告诉我们，成功通常不是一蹴而就的，而是多次努力和尝试的结果。因此，不管做什么事情，只有坚持、坚持、再坚持，我们才能大步跨越挫折和失败，最后到达胜利的终点。

## 掌控自己的情绪，才能做好工作

在纽约的一所中学任教的老师给他的学生上过一堂难忘的课。这位老师发现，许多学生总是在交完考卷后内心充满焦虑，考试完后积极地“对答案”，查看自己哪道题做错了，并常常为自己做错了题目感到不安，从而影响接下来其他科目的考试，甚至是影响了接下来的学习。

一天，老师在实验室里为同学们讲化学试验。他把一瓶牛奶放在试验台的边缘。所有的学生都没有注意到这瓶牛奶。在试验过程中，一位学生碰倒了牛奶瓶，瓶子落在地上，碎了。

正当学生为打碎瓶子而不知所措的时候，老师对着全体学生大声说了一句：“不要为打翻的牛奶哭泣！”

然后，他把全体学生都叫到试验台周围，让他们看着地上破碎的瓶子和淌了一地的牛奶，一字一句地说：“你们仔细看一看，我希望你们永远记住这个道理。牛奶已经淌光，瓶子已经碎了，不论你怎样后悔和抱怨，都没有办法再让瓶子复原。你们要是事先想一想，加以预防，把瓶子放到安全的地方，这瓶牛奶还可以保存下来。可是现在晚了，我们现在所能够做的，就是把它忘记，然后注意接下来要做的事情。”

其实，这个故事也从侧面说明，负面情绪是很容易坏事的，如果我们为打翻的牛奶哭泣，那势必会影响我们的情绪，到最后，我们很有可能没办法坚持把手头上的工作完成。

世界潜能激励大师安东尼·罗宾斯曾说：“成功的秘诀就在于懂得怎样控制痛苦与快乐这股力量，而不被这股力量所反制。如果你能做到这点，就能掌握自己的人生，反之，你的人生就无法掌握。”

痛苦和快乐都是情绪，情绪对一个人的影响是巨大的。如果我们不懂得掌控自己的情绪，那我们随时都会分心，一旦分心，我们所做的事情就会中断，不能坚持下去。所以，要想把事情做好，我们就必须做情绪的主人。

有一位具有27年飞行经验的美国驾驶员曾经在一次采访中介绍过他的一段不平常的经历。

在第二次世界大战时，他是F6型飞机的飞行员。一天，他们接到战斗命令，驾驶飞机从航空母舰上起飞后，来到东京湾。

他按要求把飞机升到距离海面300英尺的高度做俯冲轰炸。300英尺在今天可能不算什么，但在当时，这已经是很高的飞行高度。正当他以极快的速度下降并开始做水平飞行的时候，他的飞机左翼突然被击中，整架飞机翻了过来。

人在飞机中是很容易失去平衡的，飞机中弹后，他需要马上判断自己的位置，以便决定他应该向上还是向下操纵飞机。但是，在最初那一瞬间，在那生死攸关的关键时刻，他没有去碰驾驶舱里任何的控制开关，只是强迫自己冷静、理智，绝不能激动。

于是，他发现蓝色的海面在他的头顶，知道了自己确切的位置，知道了自己的飞机是翻转了，这时，他迅速地推动操纵杆，把他的位置调整了过来。在那一瞬间，如果他冲动地依靠他的本能慌乱地操作，那么，他一定会把大海当作蓝天，一头撞进海里。

这位老飞行员在回忆过后，语重心长地对记者感慨道："是我的冷静挽救了我的性命。"

善于控制自身情绪的人，能够消除情绪的负效能，最大限度地开发情绪的正效能。故事中的飞行员无疑就具备这种能力，所以，他在危急关头掌控了局势，采取了正确的行动，让自己顺利完成任务。

曾看到这么一段话："在成功的路上，最大的敌人其实并不是缺少机会，或是资历浅薄，而是缺乏对自己情绪的控制。愤怒时，不能制怒，使周围的合作者望而却步；消沉时，放纵自己的萎靡，把许多稍纵即逝的机会白白浪费。"

我们在做一件事时，难免会遇到各种问题，这个时候，只有稳住情绪，不分散心神，坚持把事情做完，我们才能取得成功。

## 只要挺住，就能取得胜利

在一片茫茫的大戈壁滩上，有两个探险者被困在了那里，因长时间缺水，他们的嘴唇裂开了一道道的口子！这时，年长一些的探险者从同伴手中拿过空水壶，郑重地说："我去找水，你在这里等着我吧！"接着，他又从行囊中拿出一只手枪递给同伴，说："这里有6颗子弹，每隔一个时辰你就放一枪，这样，当我找到水后就不会迷失方向，就可以循着枪声找到你。一定要记住啊！"

看着同伴点了点头，他才信心十足地蹒跚离去。

等待的时间漫长而难熬，这时，枪膛里仅仅剩下最后一颗子弹，可找水的同伴还没有回来。"他一定被风沙湮没了，或者找到水后，撇下我一个人走了。"探险者焦灼地等待着。饥渴和恐惧伴随着绝望如潮水般地涌向了他，他仿佛嗅到了死亡的味道……他扣动扳机，将最后一颗子弹射进了自己的脑袋，就这样结束了自己的生命。

就在他轰然倒下的时候，同伴带着满满的两大壶水赶到了他的身边。

在遇到困境的时候，有的人选择挺住，有的人选择了放弃，前者往往能绝处逢生，后者则会像故事中的小探险者一样轰然倒地。

凡有惊人成就的人，他们的意志力总是十分顽强的。所以，要想取得成功，我们就必须培养坚韧不拔的意志力，不管遇到什么困难，都咬牙坚持下来，挺住就能赢得胜利。

困难可怕吗？可怕。但再可怕的困难，都不是不可战胜的。在困难面前，只要我们勒紧裤腰带，再坚持一会儿，就能挺过漫长的严冬，迎来温暖的春天。

法国著名化学家巴斯德曾经说："我唯一的力量就是我的坚持。"是的，坚持是一个人对抗困难的最有力的武器，在这项武器的帮助下，我们没有跨不过的通天河，也没有过不去的火焰山，一切艰难困苦都将被我们踩在脚下。

19世纪时，美国西部成了淘金圣地。很多人不远万里前往那里，希望能够淘到黄金。一个叫李维斯的年轻人也来到了这里。

在通往淘金地的路上，一条河流挡住了李维斯的脚步。李维斯很是苦恼，他没想到踏出第一步就会遭遇这样的困难。

与他同行的人也望着湍急的河水唉声叹气，有人觉得过河无望，便打道回府，放弃了淘金计划。李维斯心中也很着急，但他并没有就此放弃，而是转变了自己的思路。他想，既然这么多人都想到河对岸去，我为何不在这里摆渡，将这些淘金的人送到对岸，赚一笔小钱呢？

想做就做，李维斯用身上仅有的一点钱买下了一条船。由于需要过河的人实在太多，他的生意十分火爆，没过多久，他就淘到了第一桶金。

后来，也有人加入到了摆渡的行列当中，李维斯的生意越来越不好，于是，他就同其他人一样，放弃了摆渡，继续前往淘金的地方。当地已经有很多淘金者，他们拉帮结派，排斥新人，根本不让李维斯这些新来的淘金者正常工作。一些淘金者又打起了退堂鼓，打道回府了。

李维斯被人赶了很多次之后，渐渐明白，在这种情况下，想靠淘金发财已经是不可能的了。但是，他又不甘心就这样回去，就在身上的积蓄快要花光之时，李维斯又找到了一个很好的商机：他注意到西部地区缺水严重，那些淘金的工人都必须要忍受缺水的不便。

于是，李维斯决定做“水”的生意。由于“市场”很大，李维斯的生意很快就红火起来。这让一些人开始眼红，争相效仿他。其中一部分拉帮结派的人干脆就仗着人多，欺负李维斯，砸烂了他的水车。

李维斯又一次遭遇危机。但这一次，他同样没有放弃，而是将目标锁在了淘金人的裤子上。由于淘金工作非常辛苦，工人们的裤子很容易就磨破了，李维斯看到了这种情况，又想到了一个挣钱的好主意。他将散落在四周的一些废弃帐篷洗干净，然后用这些帐篷布做出了一种非常结实的裤子，这种裤子很受淘金工人的欢迎。很快，这种结实耐用的裤子就风靡了整个西部。

后来，李维斯又开始注重这种裤子的外观，他不再用厚重的帐篷布做裤子，而改用斜纹粗棉布。一时间，这种既美观又实用的裤子开始风靡美国，直至后来传遍全世界。

这个死扛到底不服输不认输的年轻人就是现在美国服装业巨头李维斯公司的创始人李维斯·施特劳斯，而他发明的这种裤子在后来被人统一称为“牛仔裤”。

在千千万万个淘金人当中，李维斯是唯一一个在困难面前不放弃的人，当那些淘金者都消失在历史的长河中时，李维斯因为他的坚持而创造出来了骄人的成果，被世人永远铭记在心。

由此可见，困难当前，挺住就是一切。通往成功的路程虽然遥远，赢得胜利的过程虽然难熬，但是，再遥远的路程，都有走完的一天，再难熬的过程，都有完成的时候。所以，在艰辛的人生征途中，我们要学会坚持。

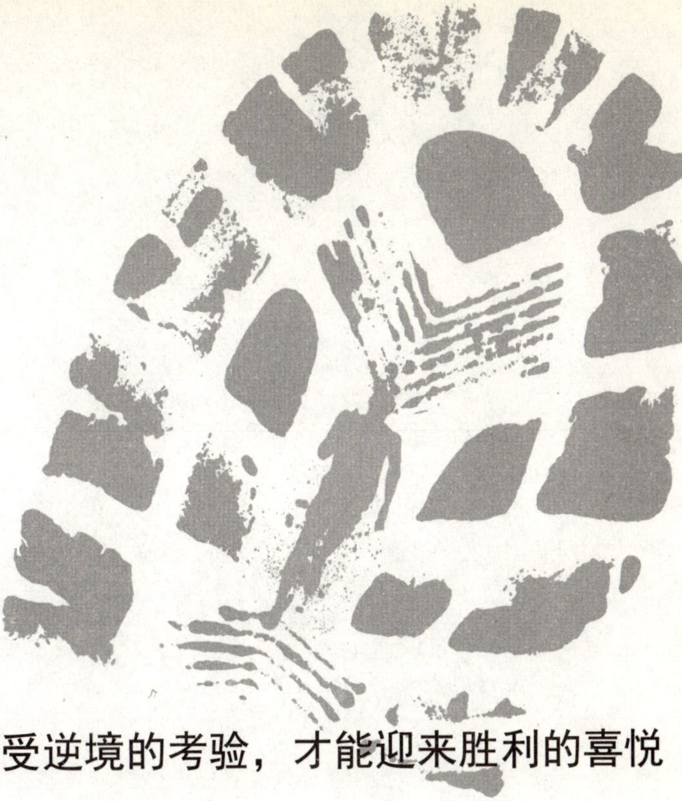

## 第九章　接受逆境的考验，才能迎来胜利的喜悦

在这个世界上，人人都渴望成功，羡慕别人成功时的风光，可是，风光的背后往往是挫折和苦难。如果我们想要拥有辉煌的人生，就必须接受逆境的考验，吃常人所不能吃的苦。

## 乐观者总是能为自己找到一扇窗

美国著名社会心理学家亚伯拉罕·马斯洛曾说：“心态若改变，态度跟着改变；态度改变，习惯跟着改变；习惯改变，性格跟着改变；性格改变，人生就跟着改变。”由此可见，一个人若想取得成功，良好的心态是必不可少的。

在人生的旅途中，各种逆境层出不穷，此时，如果我们心态太过悲观，我们就会变得萎靡不振，最终坠入不幸的深渊。相反，如果我们心态非常乐观，坦然接受逆境的考验，我们就能迎来光明。

美国有两位住在乡下的陶瓷艺人，一位叫杰克，一位叫亨利。他们听说城里人喜欢用陶罐，便决定将自己烧制的陶罐卖到哥伦比亚特区去。经过十多年的反复试验，他们终于烧制出了自认为最好的陶罐。他们雇了一艘轮船，准备将所有的陶罐都运到哥伦比亚特区去。

没想到，轮船在航行途中遇到了风暴，等风暴过后，轮船靠岸，陶罐全部成了碎片。杰克提议先去酒店住上一晚，明天再去城里四处走走。亨利捶胸顿足，十分痛苦，他问杰克：“你居然还有心思去城里四处走走？”

杰克心平气和地说：“我们失去了那些陶罐，本来就够不幸的了，如果还因此不快乐，那岂不是更加不幸？”

亨利觉得他的话有道理，于是，他便跟着杰克去城里玩了几天。在游玩的过程中，他们意外地发现，城里人用来装饰墙面的东西很像他们烧制陶罐的材料。于是，他们索性将那些碎陶罐全部砸得更碎，做成了马赛克，出售给了城里的建筑工地。结果，他们不但没有亏本，反而因为出售马赛克而大赚了一笔。

当不好的事情发生时，悲观的心态于事无补，只会让人损失更多，而心念一转，更乐观地看待不幸之事，我们反而能得到老天额外的馈赠。乐观是希望之花，是力量之源，在逆境中保持乐观心态的人，总能在上帝把门关闭后，为自己找到一扇窗户。

塞尔玛陪伴丈夫驻扎在沙漠的陆军基地里。丈夫奉命到沙漠里去演习，她一个人留在小铁皮房子里，天气热得让人受不了，塞尔玛感觉寂寞极了，她的身边只有墨西哥人和印第安人，而他们不会说英语。她非常难过，于是就写信给父母，说想要回家去。

父亲给她的回信只有两行字，这两行字却永远留在她心中，完全改变了她的生活。信是这样写的：两个人从牢中的铁窗望出去，一个看到泥土，一个却看到了星星。

塞尔玛觉得非常惭愧。她开始和当地人交朋友，他们的反应使她非常惊奇，她对他们的纺织、陶器表示兴趣，他们就把最喜欢但舍不得卖给观光客人的纺织品和陶器送给了她。塞尔玛研究那些引人入迷的仙人掌，又学习有关土拨鼠的知识。她观看沙漠日落，还寻找海螺壳……原来令人难以忍受的环境现在居然变成了令人流连忘返的奇景。她为发现新世界而兴奋不已，并写了一本书——《快乐的城堡》。

不难想象，如果塞尔玛一直停留在悲观绝望的状态里，那她的人生也不会发生这么翻天覆地的变化，她也不可能取得日后那么显著的成就。

在这个世界上，从来没有不能冲破的绝境，只有动不动就绝望的人心。因此，在逆境面前，我们绝不能悲痛欲绝，一定要时刻告诫自己，永远保持乐观的心境，唯有如此，我们才能扭转逆境。

## 跌倒100次，也要101次站起

我们要有在逆境中不屈不挠的顽强精神，哪怕跌倒100次，也要第101次站起。古往今来，举凡在事业上取得辉煌成就的人，无一不具备这种精神，他们一次又一次地战胜困难和挫折，凭借着自己的努力最终赢得了胜利。

一个小孩要想学会溜冰，他跌倒了再爬起来，爬起来再跌倒，慢慢就学会了。这就是屡战屡败、屡败屡战的精神。一个人若想成为生活的强者，造就辉煌的人生，就必须有“屡败屡战”的勇气，能接受逆境的考验，不怕风雨洗礼的人，才能到达成功的彼岸。

有一个小男孩出生在一个贫穷的鞋匠家庭，他的父亲是鞋匠，他的母亲是佣人，他的童年生活十分贫苦。父亲去世之后，母亲为了生活，不得不带着他另嫁他人，继父并不是很关心他。

有一天，王子出游来到男孩的家乡，为了见王子一面，男孩满怀希望地朗诵教堂的诗歌。终于，他有了一次在王子面前唱诗歌的机会。在他表演完毕后，王子问他想要什么赏赐，这个男孩大胆地向王子提出要求：“我想写诗剧，在皇家剧院演戏。”王子看了这个长着大鼻子的男孩一遍又一遍，然后对他说：“虽然你能够背诵剧本，并不表示你能够写剧本，这是两码事。我劝你还是去学一门有用的手艺谋生吧。”

男孩回家以后，打破了自己的储钱罐，向母亲和从不关心自己的继父道别，离家去追寻自己的理想。这时候，他只有14岁，但他相信，只要自己愿意努力，他一定能成功。

他历经艰辛到了哥本哈根，挨家挨户地按门铃，希望得到贵人的赏识，但是，尽管他按遍了所有达官贵人的门铃，却没有人愿意相信他。虽然他衣衫褴褛地落魄街头，但他心中仍然充满了希望。

终于，1829年，他的长篇游记《阿马格岛漫游记》出版，随后，他写的喜剧《在尼古拉耶夫塔上的爱情》在皇家歌剧院上演，他终于实现了自己的理想。这个孩子就是安徒生。

后来，安徒生开始专注于童话创作，陆续发表了《打火匣》《小克劳斯和大克劳斯》《豌豆上的公主》《卖火柴的小女孩》等童话故事，这时，距离安徒生离开家乡已经16年了。

迄今为止，《安徒生童话》已经被翻译为150多种语言，成千上万的安徒生童话书在全球陆续出版。

如果安徒生在遭受失败后就放弃了自己的理想，那么，也许今天我们就读不到这些美好的童话故事了。在逆境面前绝不屈服的人，才能实现自己的理想。

英国著名诗人弥尔顿写过一首诗：“即使土地丧失了，那有什么关系。即使所有的东西都丧失了，但不可被征服的志愿和勇气，是永远不会屈服的。”

是啊，只要我们不屈服，不管跌倒多少次，我们都能勇敢地站起来，我们就自然能闯出一条路，到时候，我们一定能取得成功，成就一个辉煌的自己。

## 你所吃的苦都会变成将来的礼物

在这个世界上，没有人喜欢吃苦，有的人吃苦吃得心不甘情不愿，结果苦吃了，自己仍旧一无所获；而有的人则深知吃苦不是灾难，只要自己用心去体会，也能从中吸取营养。

20世纪20年代，贝里·马卡斯跟随父母从俄罗斯来到美国，全家在纽威克一个穷人聚居区安顿下来。他的降临让他久患风湿病而无法下床行走的母亲可以重新走路。母亲常常告诉他，对生活要有信心，生活总会苦尽甘来。这种乐观的生活态度潜移默化地影响着贝里·马卡斯的生活。

贝里·马卡斯回忆道，虽然母亲的风湿病没有完全康复，但她从不抱怨，她甚至会不时取下手上缠着的石膏绷带，在寒冷的冬天为孩子们洗衣服，在炎热的夏天为孩子们做饭。尽管生活艰辛，母亲始终相信苦尽甘来这一道理。

马卡斯从小的理想是上医学院，毕业后成为一名大夫。由于家庭经济条件有限，他就近选择了路特格大学的纽威克校区，这样便可以住在家里，省下住校的费用。马卡斯开始学习医学预科课程，并取得了优秀的成绩。

一天，系主任通知马卡斯，已经为他争取到了上医学院的奖学金，然而，他自己还必须另交1万美元的学习费用。对于马卡斯的家庭状况而言，这是一笔巨大的支出。于是，马卡斯只好选择退学，到佛罗里达州去找工作。路上，马卡斯给母亲通了电话，告诉了她这个不幸的消息。母亲的回答给了他勇气："孩子，不要失去希望，不要害怕吃苦，早晚有一天你会苦尽甘来的！"

后来，马卡斯在餐馆当了一年服务生，有了一定的积蓄后，他选择了新泽西州的药学院继续他的梦想。毕业后，他开始营销药品，这让他接触到了商品零售业，并开始喜欢上了它。直到他跳槽到西部一个名为"便民"的商品零售公司时，他对自己的人生有了真正的想法。

在便民公司，他常看到不少自己动手装饰和修补住房的人来买各种家装必需品，但他们不可能在一处一次就买齐他们需要的东西。一天，他突然有了一个主意：如果能有一家大商场，把所有的家装材料店，如厨卫设备店、涂料店、木材店全都包括进来，顾客岂不更方便？要是所有经销商都懂得怎样修马桶或怎样安装吊扇，岂不更好？这便是马卡斯的梦想的起源。

一天，老板召见他，马卡斯便向老板谈了自己的建议，希望可以把便民公司变成一家大型连锁超市。然而，老板认为这是马卡斯在他面前炫耀才能，于是，老板不但没有接纳他的意见，反而将马卡斯解雇了。

母亲的话再次浮现在他的脑海中，他没有被打倒，他决定放手自己干。马卡斯决心自己当老板，着手实现创建一个大型家装材料超市的构想。马卡斯的超市将面向人口众多的工薪阶层，他们是自己动手搞家装的主力，马卡斯的超市正好为他们提供了及时的、恰到好处的帮助。于是，一个名为"家庭"的大型家装材料公司应运而生。

在马卡斯的悉心管理下，这个家装材料公司的生意非常红火，业务已经遍及全美，甚至开始扩展至全球。

只有不怕吃苦的人，才能从人生的各种逆境中走出来，才能像马卡斯一样苦尽甘来，最后成就一番伟大的事业，收获辉煌的人生。

弘一法师说过这么一段话：“你见过磨镜老人吗？他坐在门口，手里拿着一面铜镜在石头上磨。铜镜昏暗，铜锈如血。他日复一日地磨，手都磨出泡了，铜镜依然昏暗。但他不管，相信功夫不负有心人，一直磨下去。直到有一天，铜锈尽开，他住了手，取净水一冲，明晃晃的清光就亮出来，镜子磨好了。我们修行也是这样，不管心底多昏暗，磨下去，磨下去，自然就会有亮光。”

磨镜辛苦吗？辛苦。可上天总是不负苦心人。吃得苦中苦，方为人上人，这是千年不变的真理。所以，一个人若想成就大事，就必须做好吃苦的准备。只要不怕吃苦，坦然面对生命中的困难和挫折，那我们所吃的苦都会变成将来的礼物。

2001年，韩国SM公司来到中国选秀，韩庚只是抱着试试看的态度参加了这场选秀，连他自己都没有想到，他竟能在3000人中脱颖而出，获得了去韩国发展的机会。

虽然当时韩庚不会说韩语，身上只有几百块钱，但他认定在异国他乡的陌生环境里更能磨炼自己，对自己今后的发展更有利，于是，他就这样来到了韩国。他在为自己的理想而奋斗，这种信念战胜了因语言不通而带来的不便，战胜了困窘的生活和超负荷的训练。别人三年可以完成的舞蹈课程，他只用了一年，他每天在训练室和宿舍这两点一线间行走，甚至都不知道外面的世界发生了什么变化。他也曾想过要放弃，但每一次萌生这样的念头时，他总是甩甩头，很快冷静下来。他知道，人生不会永远处于逆境，这样的努力拼搏，总有一天会开花结果……

终于，2005年11月6日，韩庚作为Super Junior唯一的中国籍成员正式出道，并成为第一位正式在韩国出道的中国人。短短的几个月，这个团体就风靡亚洲，韩庚成了很多年轻人的偶像。

生活中，很多人都想做温室里的花朵，却没有想过，离开了温室，花朵根本经受不住大自然的风霜雪雨。韩庚不羡慕温室中的花朵，他宁愿让自己吃苦，在逆境中打磨自己，让自己走得更远更稳。

命运就是这么神奇，它总用苦涩的外衣包裹最珍贵的宝藏，只要我们多一点勇敢，不惧吃苦，那这份宝藏就属于我们。

## 生活的磨难可以让你变得更加强大

只有坚强的人才能闯过人生中的各种逆境，他们就像逆风中的劲竹，不会轻易被折断，只会越来越坚韧。

她原是一位普通得不能再普通的女孩，为了生存，她曾在小学门口卖过橡皮泥，卖过沙画，日子虽不富裕，但也能衣食无忧。如果说没有那一次偶然的车祸，也许她一辈子都会以做这类小生意为生。

那天，她像往日一样骑着三轮车去校门口卖沙画，途中，一辆急速驶来的小轿车撞翻了她的三轮车，她那用来做沙画的原材料散了一地，她自己也被撞得晕倒在地。她被送到了医院，她得救了，她借钱付了医药费后，却再也没有本钱去做沙画买卖了。

绝境中，她突发奇想，去郊外挖了不少泥土回家，然后在泥土中加上颜料等材料，经过反反复复的制作，终于制成了彩泥，她将这些彩泥推荐给在学校上手工课的孩子们，结果大受孩子、家长和老师的欢迎。

她不是画家，却创造了作画的材料，她没有受过高等教育，却用她的彩泥激发了孩子们的创造力。如果没有那次车祸，她可能会一直在学校门口卖沙泥，直到沙泥没人买了，她再去卖其他的产品。她永远也不会想到怎样利用不花钱的泥土去制作低成本的彩泥。

可以看到，生活的磨难没有让她成为怨妇，更没有摧毁她对生活的热爱。相反，她越挫越勇，更加积极向上，在看似绝望的处境中找到了自己的生路。到最后，她变得越来越强大，她的人生也因此掀开了新的篇章。

1992年，如同大多数看了电影《少林寺》的孩子一样，农家娃王宝强跟父亲吵着要去少林寺学武。穷人家的孩子如草一样，在哪里都一样倔强生长。所以，王宝强的父母也没有怎么犹豫，就将8岁的儿子从河北南和县送到了河南的少林寺。

少林寺的学武生涯，难免是“床硬、饭冷、活重”，不少原先怀着一腔热血的孩子没待多久，就想方设法回家了。王宝强不怕吃苦，他在少林寺潜心学武。一转眼，六年过去了，当年瘦弱的儿童已经成了精壮的小男子汉。

1998年，14岁的王宝强离开了少林寺，回到家乡。王宝强家里很穷，而在家乡那片贫瘠的土地上，王宝强找不到改变自己命运的舞台。于是，1999年3月，15岁的王宝强来到了北京，决心像他的同门前辈李连杰一样，靠当武打演员改变自己的命运。

想要有所成就，就要历经磨难。有道是“长安米贵，白居不易”，北京的生存压力让王宝强焦头烂额。北影厂门口常年聚集着一大群等候群众演员角色的人，王宝强也在其中。当群众演员一天也只有20元钱的报酬，而且，并不是每一天都能得到这样的机会。为了生计，王宝强只能到处打零工，但他始终没有放弃自己的演员梦。

2002年，导演李杨把电影《盲井》的主角给了王宝强。《盲井》让王宝强拿了那一年的金马奖最佳新人奖。没多久，王宝强就得到了与一些明星同台演出的机会。2007年，由王宝强主演的《士兵突击》更是将王宝强的声誉推到了极致。后来，王宝强签约华谊兄弟，成为影视圈里的一线演员。

王宝强的故事告诉我们，所有的成功都需要付出代价。所以，不要惧怕生命中的磨难，所有我们遭遇过的艰辛和痛苦，都是来成就我们的。我们能经受多大的考验，就能享有多大的辉煌。

没错，生活有时候会让我们遍体鳞伤，但到后来，那些受伤的地方一定会变成我们最强壮的地方，我们会在创伤中逐渐成长，并趋于成熟。

## 用你的实力回应别人的轻视和嘲笑

当你自身实力不够时，别人往往不会把你放在眼里，甚至有人还会轻视你、嘲笑你。面对这种情况，你如果被击倒在地，那你这一生都不可能改变自己的命运；唯有在逆境中发愤图强，默默提高自己的实力，你才能让别人刮目相看。

在人生的道路上，我们都或多或少遭遇过别人的轻视和嘲笑，越是这个时候，我们越是要淡定，不断提高自己的实力，绝不能把宝贵的时间浪费在跟别人打口水仗上。

要知道，如果我们真的没有实力，就算我们能让别人在嘴上认输，但其实他们心里还是不服的。因此，我们要想赢得对方真正的尊重，就必须将他们的轻视和嘲笑视作命运对自己的考验，将其化作自身前进的动力，最后用自己的实力说话。

最初，吴士宏是一名护士。1985年，她决定要到当时世界最大的信息产业公司——IBM去应聘。IBM的招聘地点在北京长城饭店。

她回忆说，在长城饭店门口，自己足足徘徊了五分钟，呆呆地看着那些各种肤色的人从容地迈上台阶。经过一番思考，她鼓足了勇气，迈着稳健的步伐，走进了IBM公司的北京办事处。她顺利地通过了两轮笔试和一轮口试，最后，她来到了主考官面前，主考官问道：“你会不会打字？”

她本来不会打字，但是，此时的她不想放弃这个机会，于是，她点点头，只说了一个字：“会！”

“一分钟可以打多少个字？”

“您的要求是多少？”

“每分钟120字。”

她不经意地环视四周，发现考场里没有打字机，她马上就回答：“没问题！”主考官说：“好，下次录取时再加试打字！”

实际上，吴士宏从来没有摸过打字机。面试结束，她就飞快地跑到一个朋友处借了170元钱买了一台打字机，然后没日没夜地练习了一个星期，终于学会了打字。

她被录取了，她成了这家世界著名企业的一名普通员工，她的主要工作是泡茶倒水、打扫卫生，用她自己的话说，“完全是脑袋以下的肢体劳动”。她为此感到很自卑，她把可以触摸传真机作为一种奢望，她所感到的安慰就是自己能够在一个可以解决温饱问题而又安全的地方做事。可是作为一位服务人员，这种心理平衡很快就被打破了。

一天，吴士宏推着平板车买办公室用品回来，门卫把她拦住了，要检查她的外企工作证。她当时没有工作证，于是，她只能跟门卫解释。进进出出的人向她投来异样的目光，作为一位女性，她的内心充满了屈辱，可是她知道，得到这份工作不容易，她拼命忍住自己的泪水。

还有一件事情让她的心里很不好受。有个女职员动不动就喜欢指使别人，一天，这位女士叫着吴士宏的英语名字说：

“Juliet，如果你想喝咖啡，就请告诉我！”吴士宏丈二和尚摸不着头，她实在不明白这位女士在说什么。

这位女士说：“如果你喝我的咖啡，请你把杯子的盖子盖好！”吴士宏顿时浑身战栗，她就像一头愤怒的狮子，把埋在内心的满腔怒火全部发泄了出来。

吴士宏暗暗发誓，自己一定要努力，总有一日，她可以让所有看得起自己。吴士宏每天除了工作就是学习，寻找着自己的最佳出路。最终，与她一起进IBM的人员中，她第一个做了业务代表，第一批成为本土的经理，第一批成为赴美国本部进行战略研究的人，第一个成为IBM华南地区总经理。最后，吴士宏还登上了IBM(中国)公司总经理的宝座。

命运的考验无处不在，有的考验是实打实的困难，有的考验则来自我们身边的人，他们吐出的难听的话语，总是能刺痛人微言轻的我们。很显然，吴士宏也被刺痛了，但她并没有因此沉沦，而是在暗中蓄积力量，让自己变得更加强大。

毫无疑问，吴士宏是我们每个人的榜样，所有人都应该向她学习，学习她的自强不息，学习她的勇敢坚韧，学习她在逆境中的永不屈服。

## 感谢对手，没有他也就没有现在的你

俗话说，猪圈岂生千里马，花盆难养万年松。在自然界，没有天敌的动物往往都是最先灭绝的，因为它们失去了威胁，失去了压力，生存的本领也会大大降低。而有天敌的动物，自始至终都不会放松警惕，所以，它们能逐步壮大，繁衍族群。

其实，大自然的这一现象同样适应于人类社会。对手的存在会让一个人不断发挥出自己的潜能，从而创造出惊人的成绩。然而，在现实生活中，很多人却讨厌竞争对手，自己好一家独大；还有的人会因为竞争对手的存在而郁郁寡欢，埋怨老天给自己制造很多障碍，颇有一种“既生瑜，何生亮”的不得志感。

毫无疑问，持有这种想法的人都是非常短视的。真正拥有长远眼光的人，会看到对手给自己带来的激励作用。是的，正是因为竞争对手的存在，我们才能不断进步，日渐强大。

乔治·巴顿中校是美国陆军史上最优秀的坦克防护装甲专家之一。1988年，巴顿接到国防部的紧急召唤，接受了研制M1A2型坦克防护装甲的任务。

这是一种新型的高端武器，为了使研制出来的装甲性能更高、质量更好，巴顿请来了一位特殊的帮手——毕业于麻省理工学院的工程师迈克·马茨。

巴顿请马茨来，并不是要他和自己一起研究装甲，而是要他来“搞破坏”。因为马茨是著名的破坏力专家，在军事领域，他们俩简直就是“死对头”。两人各带着一个研究小组，巴顿带的是研制小组，主要负责装甲的研制和防护，而马茨带的则是破坏小组，专门负责摧毁巴顿研制出来的装甲。

起初，巴顿研制出的装甲总能被马茨轻而易举地炸坏。每当坦克被炸坏后，巴顿就会找马茨交流，分析失败的原因，找寻问题的根源，以便在下一次研制中寻找破解的方法。巴顿一次次“绞尽脑汁”地去设计，马茨一次次“想方设法”地去破坏，然后两人再商讨改进的方法。

终于有一天，当马茨使尽浑身解数，甚至直接在防护装甲上引爆也未能奏效时，巴顿当即兴奋地宣布：M1A2型坦克防护装甲正式研制成功，它可以承受时速超过4500公里、单位破坏力超过135万公斤的打击力度。

直到现在，这种坦克防护装甲仍然是世界上最坚固的。巴顿与马茨这对“对手”也因为这项发明而共同赢得了象征着美国军事科研领域最高荣誉的“紫心勋章”。

事后，有记者问巴顿取得成功的秘诀时，巴顿笑着说：“我取得成功的一个重要原因，就是因为我有一个强大的对手。以强手为对手，是让自己取得成功的最有效的捷径，如果成功有捷径的话。”

事实证明，巴顿的选择是正确的，因为他的聪明和睿智，把最强大的对手变成了最好的助手，从而获得了巨大的成功。

奥运冠军刘翔说过："没有对手就没有动力，我永远感谢对手。"这句话说得没错，虽然从表面上看，竞争对手的存在于我们而言是一种逆境，但实际上，这种逆境是一种动力，能鞭策我们变得更好、更优秀，从而取得更大的成功。

因为人性是贪图安逸的，竞争对手将我们从安逸的环境中拉出来，让我们真切地感受到一种危机感和紧迫感，从而使我们不至于沉沦。所以，我们非但不能怨恨、诅咒竞争对手，反而要像巴顿一样感谢竞争对手。

今天，社会的各个领域都充满了竞争，很明显，那些各个领域中的成功人士都是通过竞争而逐渐脱颖而出的。如果你已是一个成功者，那么，只要仔细回想一下，你就会发现真正促使你进步、成功的，不单是自己的能力，不单是朋友和亲人的鼓励，更多的时候，是你的对手激发了你的潜能，促使你不断进步。我的朋友，请不要憎恨你的"敌人"。相反，你应该庆幸自己曾经遭受过"敌人"的为难，因为这正是你脱颖而出的动力。